Copilot: L'intelligenza artificiale al tuo fianco

Scritto da Marco Coan

1 Introduzione a Copilot

2 Utilizzare Copilot per la scrittura

3 Utilizzare Copilot per la creazione di grafici

4 Utilizzare Copilot per la ricerca di informazioni

5 Copilot e la creatività

6 Copilot e l'apprendimento automatico

7 Copilot e l'etica

1 Introduzione a Copilot

1.1 Cos'è Copilot

Copilot è un'innovativa intelligenza artificiale sviluppata da OpenAI che funge da assistente virtuale per svolgere una vasta gamma di attività. Questo strumento utilizza un modello di apprendimento automatico avanzato per generare testo in modo intelligente e fornire suggerimenti utili in tempo reale. Copilot è stato addestrato su una vasta quantità di dati provenienti da diverse fonti, tra cui codice sorgente, testi letterari, documenti tecnici e molto altro ancora.

Copilot è progettato per essere un compagno affidabile e creativo che può aiutarti in molteplici modi. Può essere utilizzato per generare codice, scrivere poesie, creare grafici, cercare informazioni e molto altro ancora. La sua capacità di apprendimento automatico gli consente di adattarsi alle tue esigenze e di fornire suggerimenti personalizzati in base al contesto specifico.

1.1.1 Come funziona Copilot

Copilot utilizza un modello di apprendimento automatico chiamato GPT-3 (Generative Pre-trained Transformer 3) per generare testo in modo intelligente. Questo modello è stato addestrato su una vasta quantità di dati e ha imparato a comprendere il contesto e a generare testo coerente e significativo.

Quando utilizzi Copilot, puoi interagire con esso attraverso un'interfaccia utente intuitiva. Puoi inserire una richiesta o una frase incompleta e Copilot genererà automaticamente il testo corrispondente. Puoi anche fornire ulteriori dettagli o specifiche per ottenere risultati più precisi.

Copilot è in grado di comprendere il contesto e di fornire suggerimenti pertinenti in base alle tue esigenze. Ad esempio, se stai scrivendo codice, Copilot può suggerire completamenti automatici, correggere errori di sintassi o fornire esempi di codice rilevanti. Se stai cercando informazioni, Copilot può fornire riferimenti, definizioni o spiegazioni dettagliate.

1.1.2 Vantaggi di Copilot

Copilot offre numerosi vantaggi che possono semplificare e migliorare le tue attività quotidiane. Ecco alcuni dei principali vantaggi di Copilot:

1. **Risparmio di tempo**: Copilot può generare testo in modo rapido ed efficiente, consentendoti di completare le tue attività più velocemente. Può suggerire codice, testi creativi o informazioni rilevanti, risparmiandoti ore di ricerca e scrittura.

2. **Creatività potenziata**: Copilot può stimolare la tua creatività fornendo suggerimenti e idee innovative. Può aiutarti a scrivere

poesie, creare testi creativi o generare grafici accattivanti, offrendo nuove prospettive e approcci.

3. **Assistenza personalizzata**: Copilot si adatta alle tue esigenze specifiche e fornisce suggerimenti personalizzati in base al contesto. Può imparare dai tuoi input e migliorare continuamente le sue prestazioni, offrendoti un'assistenza sempre più efficace.

4. **Ampia conoscenza**: Copilot ha accesso a una vasta quantità di dati e informazioni provenienti da diverse fonti. Può fornire riferimenti, definizioni e spiegazioni dettagliate su una vasta gamma di argomenti, consentendoti di approfondire la tua conoscenza in modo rapido e semplice.

1.1.3 Limitazioni di Copilot

Nonostante i numerosi vantaggi, Copilot presenta anche alcune limitazioni che è importante considerare. Ecco alcune delle principali limitazioni di Copilot:

5. **Possibilità di errori**: Copilot è un'IA avanzata, ma può ancora commettere errori. Può generare testo incoerente o fornire suggerimenti non del tutto accurati. È importante verificare sempre i risultati e utilizzare il proprio giudizio per garantire la correttezza delle informazioni.

6. **Dipendenza dal contesto**: Copilot si basa sul contesto fornito per generare testo e suggerimenti. Se il contesto è ambiguo o non viene fornito in modo chiaro, i risultati potrebbero non essere accurati o pertinenti. È importante fornire dettagli chiari e specifici per ottenere risultati migliori.

7. **Limitazioni linguistiche**: Copilot è stato addestrato principalmente sulla lingua inglese e potrebbe non essere altrettanto preciso o efficace in altre lingue. Sebbene sia in grado di comprendere e generare testo in italiano, potrebbe non essere altrettanto fluente o preciso come nella lingua inglese.

8. **Rischi di sicurezza e privacy**: Copilot richiede l'accesso a una vasta quantità di dati per funzionare correttamente. Ciò solleva preoccupazioni legate alla sicurezza e alla privacy dei dati. È importante utilizzare Copilot in modo responsabile e garantire la protezione dei dati sensibili.

Nonostante queste limitazioni, Copilot rappresenta comunque un'importante risorsa per semplificare e migliorare le tue attività quotidiane. Con una comprensione chiara di come funziona e delle sue potenzialità, puoi sfruttare al massimo le sue capacità e ottenere risultati sorprendenti.

1.2 Come funziona Copilot

Copilot è un potente strumento di intelligenza artificiale sviluppato da OpenAI che utilizza il linguaggio di programmazione per aiutarti nelle tue attività quotidiane. Ma come funziona esattamente Copilot?

1.2.1 Il modello di apprendimento di Copilot

Copilot si basa su un modello di apprendimento profondo noto come GPT-3 (Generative Pre-trained Transformer 3). Questo modello è stato addestrato su una vasta quantità di dati, compresi testi, codici sorgente e altro ancora. GPT-3 è in grado di apprendere i modelli di linguaggio e generare testo coerente e significativo.

1.2.2 L'interazione con Copilot

Per utilizzare Copilot, è possibile interagire con esso attraverso un'interfaccia utente intuitiva. Basta digitare una frase o una breve descrizione di ciò che si desidera fare, e Copilot genererà automaticamente il codice o il testo appropriato per te. Puoi anche fornire ulteriori istruzioni o specifiche per ottenere risultati più precisi.

1.2.3 Il supporto per diversi linguaggi di programmazione

Copilot supporta una vasta gamma di linguaggi di programmazione, tra cui Python, JavaScript, TypeScript, Ruby, Go, PHP e molti altri. Indipendentemente dal linguaggio che stai utilizzando, Copilot può aiutarti a generare codice sorgente corretto e funzionante.

1.2.4 L'elaborazione del contesto

Copilot è in grado di comprendere il contesto in cui viene utilizzato. Ad esempio, se stai scrivendo codice e hai bisogno di una funzione specifica, Copilot sarà in grado di suggerirti il codice appropriato in base al contesto circostante. Questo rende Copilot un compagno affidabile per la scrittura di codice efficiente e di alta qualità.

1.2.5 L'apprendimento continuo

Copilot è in costante evoluzione e apprendimento. OpenAI aggiorna regolarmente il modello di apprendimento di Copilot per migliorare le sue capacità e fornire risultati sempre più accurati. Ciò significa che Copilot diventa sempre più intelligente e in grado di comprendere e generare codice o testo in modo più preciso nel tempo.

1.2.6 L'importanza del feedback degli utenti

OpenAI incoraggia gli utenti a fornire feedback su Copilot. Questo feedback è fondamentale per migliorare il sistema e renderlo più utile ed efficiente.

L'obiettivo di OpenAI è quello di creare un sistema che sia in grado di soddisfare le esigenze degli utenti e di aiutarli nel modo migliore possibile.

1.2.7 La privacy e la sicurezza

OpenAI si impegna a garantire la privacy e la sicurezza dei dati degli utenti. Copilot è progettato per rispettare le norme di sicurezza e protezione dei dati. Tuttavia, è importante tenere presente che Copilot potrebbe generare del testo che potrebbe essere sensibile o violare le norme di sicurezza. Pertanto, è fondamentale utilizzare Copilot in modo responsabile e fare attenzione a ciò che viene generato.

In sintesi, Copilot è un potente strumento di intelligenza artificiale che utilizza il linguaggio di programmazione per aiutarti nelle tue attività quotidiane. Grazie al suo modello di apprendimento profondo, Copilot è in grado di generare codice e testo coerente e significativo. Con il suo supporto per diversi linguaggi di programmazione e la sua capacità di comprendere il contesto, Copilot si rivela un compagno affidabile per la scrittura di codice e la creazione di testi. Tuttavia, è importante utilizzare Copilot in modo responsabile e fare attenzione alla privacy e alla sicurezza dei dati.

1.3 Vantaggi di Copilot

Copilot è un'innovativa intelligenza artificiale progettata per essere un compagno di lavoro affidabile e creativo. Grazie alle sue capacità avanzate di generazione di testo e analisi dei dati, Copilot offre numerosi vantaggi che possono migliorare notevolmente la produttività e la creatività degli utenti.

1.3.1 Efficienza e velocità

Uno dei principali vantaggi di Copilot è la sua capacità di generare codice e testo in modo rapido ed efficiente. Copilot è in grado di comprendere il contesto e le intenzioni dell'utente, fornendo suggerimenti pertinenti e completando automaticamente il codice o il testo in base alle esigenze specifiche. Questo permette agli utenti di risparmiare tempo prezioso nella scrittura e nella creazione di contenuti.

1.3.2 Qualità e precisione

Copilot è stato addestrato su una vasta quantità di dati e ha imparato da milioni di esempi di codice e testo. Grazie a questa vasta conoscenza, Copilot è in grado di generare codice e testo di alta qualità e precisione. Gli utenti possono contare su Copilot per fornire suggerimenti accurati e pertinenti, evitando errori comuni e migliorando la qualità del lavoro prodotto.

1.3.3 Creatività e ispirazione

Copilot non è solo un semplice strumento di generazione di testo, ma può anche essere un'ottima fonte di ispirazione creativa. Grazie alla sua vasta conoscenza e alla sua capacità di analizzare i dati, Copilot può suggerire idee originali e creative per la scrittura di poesie, la creazione di testi creativi e molto altro. Gli utenti possono sfruttare questa funzionalità per superare il blocco dello scrittore e scoprire nuove prospettive creative.

1.3.4 Personalizzazione e adattabilità

Copilot è altamente personalizzabile e può essere adattato alle esigenze specifiche di ogni utente. Gli utenti possono definire le proprie preferenze e stili di scrittura, consentendo a Copilot di generare testo che si adatta al loro stile individuale. Questa capacità di personalizzazione consente agli utenti di sfruttare al massimo le potenzialità di Copilot e di ottenere risultati che rispecchiano le loro esigenze e preferenze.

1.3.5 Supporto e assistenza

Copilot è un compagno di lavoro affidabile che può fornire supporto e assistenza in diverse attività. Grazie alla sua vasta conoscenza e alla sua capacità di analisi dei dati, Copilot può aiutare gli utenti nella ricerca di informazioni, nella creazione di grafici e nella risoluzione di problemi complessi. Questo supporto può essere particolarmente utile per gli utenti principianti che desiderano imparare nuove competenze o affrontare sfide complesse.

1.3.6 Efficienza nella ricerca di informazioni

Copilot può essere un prezioso alleato nella ricerca di informazioni. Grazie alla sua capacità di analizzare grandi quantità di dati, Copilot può fornire suggerimenti e informazioni pertinenti in modo rapido ed efficiente. Gli utenti possono sfruttare questa funzionalità per ottenere risposte immediate alle loro domande e per approfondire la loro conoscenza su diversi argomenti.

1.3.7 Potenziale di apprendimento automatico

Copilot è basato su algoritmi di apprendimento automatico che gli consentono di migliorare continuamente le sue capacità. Man mano che Copilot viene utilizzato, impara dagli input degli utenti e si adatta alle loro esigenze e preferenze. Questo potenziale di apprendimento automatico rende Copilot un compagno di lavoro sempre più efficace e personalizzato nel tempo.

In conclusione, Copilot offre numerosi vantaggi che possono migliorare la produttività, la creatività e l'efficienza degli utenti. Grazie alla sua capacità di generare codice e testo di alta qualità, fornire supporto e assistenza nelle diverse attività e stimolare la creatività, Copilot si rivela un compagno di lavoro indispensabile per coloro che desiderano sfruttare appieno le potenzialità dell'intelligenza artificiale.

1.4 Limitazioni di Copilot

Nonostante le numerose potenzialità di Copilot, è importante comprendere anche le sue limitazioni. Come ogni sistema basato sull'intelligenza artificiale, Copilot ha dei vincoli che possono influire sulle sue prestazioni e sulla sua capacità di fornire risultati accurati. Di seguito, esploreremo alcune delle principali limitazioni di Copilot.

1.4.1 Comprensione limitata del contesto

Copilot è un sistema che si basa su un vasto corpus di dati e algoritmi di apprendimento automatico per generare suggerimenti e assistenza. Tuttavia, è importante notare che Copilot ha una comprensione limitata del contesto in cui viene utilizzato. Ciò significa che potrebbe non essere in grado di comprendere appieno il significato o l'intento di una determinata richiesta o situazione.

Ad esempio, se si utilizza Copilot per generare codice, potrebbe suggerire soluzioni che sembrano corrette ma che potrebbero non essere adatte al contesto specifico del progetto. È fondamentale che gli utenti esercitino un controllo attivo sulle risposte fornite da Copilot e valutino attentamente la loro pertinenza e correttezza.

1.4.2 Dipendenza dai dati di addestramento

Copilot si basa su un vasto insieme di dati di addestramento per generare i suoi suggerimenti. Questo significa che la qualità e la rilevanza dei suggerimenti possono dipendere dalla qualità e dalla rappresentatività dei dati utilizzati per addestrare il sistema. Se i dati di addestramento sono incompleti, non rappresentativi o contengono bias, ciò potrebbe influire negativamente sulla qualità dei suggerimenti forniti da Copilot.

Inoltre, Copilot potrebbe non essere in grado di fornire suggerimenti accurati o rilevanti per problemi o domande che non sono stati affrontati durante il processo di addestramento. Pertanto, è importante considerare che Copilot potrebbe non essere in grado di fornire risposte complete o corrette per tutte le situazioni.

1.4.3 Possibilità di errori e imprecisioni

Nonostante gli sforzi per migliorare la precisione e l'affidabilità di Copilot, è importante tenere presente che il sistema potrebbe ancora commettere errori o fornire suggerimenti imprecisi. Questo può accadere a causa di limitazioni intrinseche dell'apprendimento automatico o a causa di dati di addestramento imperfetti.

Gli utenti devono essere consapevoli di questa possibilità e prendere in considerazione la necessità di verificare e convalidare i suggerimenti forniti da Copilot prima di utilizzarli in modo definitivo. È sempre consigliabile esercitare un controllo umano sulle risposte generate da Copilot per garantire la correttezza e l'adeguatezza delle soluzioni proposte.

1.4.4 Limitazioni linguistiche e culturali

Copilot è stato addestrato principalmente su testi in lingua inglese, il che potrebbe comportare limitazioni nella sua capacità di comprendere e generare testi in altre lingue. Sebbene Copilot possa essere in grado di fornire suggerimenti in italiano, potrebbe non essere altrettanto preciso o fluente come nella sua lingua madre.

Inoltre, Copilot potrebbe non essere in grado di comprendere o generare testi che richiedono una conoscenza approfondita di specifiche culture o contesti locali. Pertanto, è importante considerare queste limitazioni quando si utilizza Copilot per attività che richiedono una sensibilità culturale o linguistica particolare.

1.4.5 Responsabilità dell'utente

Infine, è importante sottolineare che l'utente è responsabile dell'utilizzo corretto e responsabile di Copilot. Nonostante le sue capacità di assistenza e suggerimento, Copilot non può sostituire il pensiero critico e l'esperienza umana. Gli utenti devono sempre valutare attentamente i suggerimenti forniti da Copilot e prendere decisioni informate basate sulla loro conoscenza e competenza.

In conclusione, Copilot offre molte potenzialità e vantaggi, ma è fondamentale comprendere anche le sue limitazioni. Con una consapevolezza delle limitazioni di Copilot e un utilizzo responsabile, gli utenti possono sfruttare al meglio le sue capacità per migliorare la propria produttività e creatività.

2 Utilizzare Copilot per la scrittura

2.1 Generare codice con Copilot

Copilot è un potente strumento di intelligenza artificiale che può essere utilizzato per generare codice in modo rapido ed efficiente. Grazie alla sua capacità di apprendimento automatico, Copilot è in grado di analizzare grandi quantità di codice sorgente e fornire suggerimenti intelligenti durante il processo di scrittura del codice.

2.1.1 Come funziona Copilot

Copilot utilizza un modello di apprendimento automatico avanzato per generare codice in base al contesto e alle informazioni fornite dall'utente. Il modello è stato addestrato su una vasta gamma di codice sorgente proveniente da diversi progetti open source, consentendo a Copilot di avere una conoscenza approfondita delle migliori pratiche di programmazione.

Quando si utilizza Copilot per generare codice, è possibile fornire un breve prompt o una descrizione del codice che si desidera creare. Copilot analizzerà quindi il contesto e genererà una serie di suggerimenti di codice che possono essere utilizzati come punto di partenza per lo sviluppo del proprio codice.

2.1.2 Vantaggi di utilizzare Copilot per la generazione di codice

L'utilizzo di Copilot per la generazione di codice offre numerosi vantaggi. Ecco alcuni dei principali vantaggi:

9. **Risparmio di tempo**: Copilot può generare codice in modo rapido ed efficiente, riducendo il tempo necessario per scrivere manualmente il codice da zero. Questo consente agli sviluppatori di concentrarsi su altre attività più complesse e creative.

10. **Miglioramento della produttività**: Grazie ai suggerimenti intelligenti di Copilot, gli sviluppatori possono ottenere codice di alta qualità e risparmiare tempo nella risoluzione di problemi comuni. Ciò porta a un miglioramento generale della produttività nello sviluppo del software.

11. **Apprendimento automatico delle migliori pratiche**: Copilot è stato addestrato su una vasta gamma di codice sorgente proveniente da progetti open source di successo. Ciò significa che Copilot ha una conoscenza approfondita delle migliori pratiche di programmazione e può fornire suggerimenti che rispettano tali pratiche.

12. **Riduzione degli errori**: Copilot può aiutare a ridurre gli errori di codifica comuni fornendo suggerimenti accurati e corretti. Questo può contribuire a migliorare la qualità complessiva del codice prodotto.

2.1.3 Limitazioni nell'utilizzo di Copilot per la generazione di codice

Nonostante i numerosi vantaggi, è importante essere consapevoli delle limitazioni nell'utilizzo di Copilot per la generazione di codice. Alcune delle principali limitazioni includono:

13. **Dipendenza dal contesto**: Copilot genera codice basandosi sul contesto fornito dall'utente. Se il contesto fornito è ambiguo o non fornisce informazioni sufficienti, i suggerimenti di Copilot potrebbero non essere accurati o appropriati.

14. **Possibilità di generare codice non sicuro**: Copilot genera codice basandosi sulle informazioni fornite durante il processo di scrittura. Tuttavia, potrebbe non essere in grado di rilevare potenziali vulnerabilità di sicurezza nel codice generato. È importante che gli sviluppatori esaminino attentamente il codice generato da Copilot per garantire la sicurezza del proprio software.

15. **Limitazioni linguistiche**: Copilot è stato addestrato principalmente su codice sorgente in lingua inglese. Pertanto, potrebbe non essere altrettanto efficace nella generazione di codice in altre lingue, compreso l'italiano.

Nonostante queste limitazioni, Copilot rimane uno strumento potente per la generazione di codice e può essere utilizzato con successo per migliorare l'efficienza e la produttività nello sviluppo del software.

2.1.4 Esempi pratici di generazione di codice con Copilot

Per comprendere meglio come Copilot può essere utilizzato per generare codice, ecco alcuni esempi pratici:

16. **Generazione di codice di base**: Copilot può essere utilizzato per generare codice di base per funzioni comuni come la lettura e la scrittura di file, la gestione delle eccezioni e la manipolazione delle stringhe. Questo consente agli sviluppatori di risparmiare tempo nella scrittura del codice di routine e di concentrarsi su aspetti più complessi del progetto.

17. **Creazione di interfacce utente**: Copilot può generare codice per la creazione di interfacce utente, come finestre di dialogo, pulsanti e campi di input. Questo può semplificare notevolmente lo sviluppo di applicazioni con un'interfaccia utente intuitiva e user-friendly.

18. **Automazione di compiti ripetitivi**: Copilot può essere utilizzato per automatizzare compiti ripetitivi come la generazione di report, l'elaborazione di dati e la creazione di grafici. Questo consente agli sviluppatori di risparmiare tempo prezioso e di concentrarsi su attività più creative.

19. **Ottimizzazione del codice**: Copilot può fornire suggerimenti per ottimizzare il codice esistente, come l'eliminazione di codice duplicato, l'ottimizzazione delle query del database e l'implementazione di algoritmi più efficienti. Ciò può contribuire a migliorare le prestazioni complessive dell'applicazione.

Questi sono solo alcuni esempi di come Copilot può essere utilizzato per generare codice in modo efficiente. Gli sviluppatori possono sperimentare con Copilot e scoprire nuovi modi per migliorare il proprio flusso di lavoro e la qualità del codice prodotto.

2.2 Scrivere poesie con l'aiuto di Copilot

La scrittura di poesie è un'arte che richiede creatività, sensibilità e un'ampia conoscenza delle parole e delle loro combinazioni. Con l'aiuto di Copilot, puoi sperimentare nuove forme di espressione poetica e ottenere ispirazione per le tue composizioni.

2.2.1 L'ispirazione poetica di Copilot

Copilot può essere un prezioso alleato per i poeti in erba o per coloro che desiderano esplorare nuovi orizzonti nella scrittura poetica. Grazie alla sua vasta conoscenza di testi letterari e alla sua capacità di generare testo, Copilot può fornire suggerimenti e idee per le tue poesie.

2.2.2 Generare versi con Copilot

Copilot può aiutarti a generare versi poetici in modo rapido e creativo. Puoi iniziare fornendo a Copilot un prompt o una frase di partenza, e il sistema utilizzerà il suo algoritmo di apprendimento automatico per generare una serie di versi che si adattano al tuo stile e al tuo intento poetico.

Ad esempio, se desideri scrivere una poesia sul tema dell'amore, puoi chiedere a Copilot di generare versi che esprimano sentimenti romantici. Copilot ti fornirà una serie di opzioni che potrai utilizzare come punto di partenza per la tua composizione.

2.2.3 Esplorare nuove forme poetiche

Copilot può anche aiutarti a esplorare nuove forme poetiche e sperimentare con stili diversi. Puoi chiedere a Copilot di generare versi in uno specifico schema metrico o di seguire una determinata struttura poetica, come un sonetto o una ballata.

Ad esempio, se desideri scrivere un sonetto, puoi chiedere a Copilot di generare i primi due versi in rima e poi completare il resto del poema seguendo la struttura tradizionale del sonetto. Copilot ti fornirà suggerimenti e opzioni che rispettano le regole metriche e di rima del sonetto.

2.2.4 Arricchire la tua poesia con immagini e metafore

Copilot può anche aiutarti a arricchire la tua poesia con immagini e metafore suggestive. Puoi chiedere a Copilot di generare descrizioni dettagliate di oggetti, luoghi o emozioni, che potrai poi integrare nella tua composizione poetica.

Ad esempio, se desideri descrivere un tramonto in modo poetico, puoi chiedere a Copilot di generare immagini e metafore legate al tramonto, come "il sole che si tuffa nell'oceano" o "il cielo che si tinge di sfumature dorate". Queste descrizioni possono aggiungere un tocco di magia e bellezza alla tua poesia.

2.2.5 Personalizzare e raffinare i versi generati da Copilot

È importante ricordare che Copilot è uno strumento di supporto creativo e che la tua voce e la tua visione poetica sono fondamentali nella scrittura delle tue poesie. Puoi utilizzare i versi generati da Copilot come punto di partenza e poi personalizzarli, modificarli e raffinarli secondo il tuo gusto e la tua sensibilità artistica.

Sperimenta con diverse combinazioni di parole, giochi di suoni e immagini poetiche per creare poesie uniche e personali. Copilot può essere un compagno di viaggio prezioso lungo il tuo percorso poetico, offrendoti suggerimenti e ispirazione lungo il cammino.

In conclusione, Copilot può essere un valido alleato per i poeti in cerca di ispirazione e di nuove forme di espressione. Utilizzando le sue capacità di generazione di testo e la sua vasta conoscenza letteraria, Copilot può aiutarti a creare versi poetici originali e suggestivi. Ricorda sempre di personalizzare e raffinare i versi generati da Copilot per rendere la tua poesia unica e autentica.

2.3 Creare testi creativi con Copilot

Copilot non è solo un'utile risorsa per la scrittura di codice e la creazione di grafici, ma può anche essere un valido strumento per la creazione di testi creativi. Grazie alla sua intelligenza artificiale avanzata, Copilot può offrire suggerimenti e idee per arricchire i tuoi testi con nuove parole, frasi e stili di scrittura.

2.3.1 Suggerimenti di scrittura

Copilot può essere utilizzato come un assistente creativo per aiutarti a superare il blocco dello scrittore o per fornire nuove prospettive e idee per i tuoi testi. Puoi semplicemente iniziare a scrivere una frase o un paragrafo e Copilot ti fornirà suggerimenti per completare il tuo pensiero o per espandere il tuo testo in modo creativo.

Ad esempio, se stai scrivendo un romanzo e hai bisogno di un modo originale per descrivere un paesaggio, puoi chiedere a Copilot di suggerirti delle frasi creative. Copilot ti fornirà diverse opzioni che potrai utilizzare come punto di partenza per creare una descrizione unica e coinvolgente.

2.3.2 Stili di scrittura

Copilot può anche aiutarti a sperimentare diversi stili di scrittura. Se stai cercando di scrivere un articolo in un determinato tono o stile, puoi chiedere a Copilot di generare alcune frasi o paragrafi nel modo desiderato. Ad esempio, se stai scrivendo un articolo formale, Copilot può suggerirti frasi con un linguaggio più tecnico e preciso. Se invece stai scrivendo un racconto per bambini, Copilot può aiutarti a creare un testo più semplice e coinvolgente.

2.3.3 Generazione di idee

Copilot può essere un ottimo strumento per generare nuove idee. Se sei bloccato e hai bisogno di ispirazione per un nuovo progetto o per un articolo, puoi chiedere a Copilot di suggerirti delle idee. Copilot utilizzerà il suo vasto database di informazioni per offrirti suggerimenti e spunti creativi. Potresti scoprire nuovi argomenti interessanti da esplorare o nuove prospettive da considerare.

2.3.4 Revisione e correzione

Copilot può anche essere utilizzato per la revisione e la correzione dei tuoi testi. Puoi chiedere a Copilot di controllare la grammatica, l'ortografia e la coerenza del tuo testo. Copilot può individuare errori comuni e suggerire correzioni per migliorare la qualità del tuo scritto. Questo può essere particolarmente utile se sei un principiante nella scrittura o se hai bisogno di un aiuto extra nella revisione dei tuoi testi.

2.3.5 Esempi pratici

Ecco alcuni esempi pratici di come puoi utilizzare Copilot per creare testi creativi:

20. Scrivere una poesia: Puoi chiedere a Copilot di suggerirti delle rime o delle metafore per arricchire la tua poesia. Copilot può offrirti nuove parole e combinazioni di parole che potrebbero ispirarti nella creazione di versi poetici.

21. Creare un titolo accattivante: Se stai scrivendo un articolo o un libro e hai bisogno di un titolo che catturi l'attenzione del lettore, puoi chiedere a Copilot di suggerirti delle frasi o delle parole chiave che possano attirare l'interesse del pubblico.

22. Scrivere un discorso persuasivo: Se devi preparare un discorso persuasivo e hai bisogno di argomenti convincenti, puoi chiedere a Copilot di suggerirti delle idee o delle statistiche che possano rafforzare il tuo punto di vista.

23. Creare una descrizione dettagliata: Se stai scrivendo una recensione di un film o di un libro e hai bisogno di una descrizione dettagliata, puoi chiedere a Copilot di suggerirti delle frasi o delle parole che possano aiutarti a creare una descrizione vivida e coinvolgente.

Copilot può essere un prezioso alleato per la scrittura creativa, offrendoti suggerimenti, idee e correzioni per migliorare la qualità dei tuoi testi. Sperimenta con Copilot e lasciati ispirare dalla sua intelligenza artificiale per creare testi unici e coinvolgenti.

2.4 Suggerimenti di scrittura con Copilot

Copilot non è solo un'utile risorsa per la generazione di codice, ma può anche essere un valido aiuto per migliorare le tue abilità di scrittura. In questa sezione, esploreremo come Copilot può fornire suggerimenti di scrittura e come puoi sfruttarli al meglio per creare testi più efficaci e coinvolgenti.

2.4.1 Suggerimenti di parole e frasi

Copilot è in grado di suggerire parole e frasi pertinenti mentre scrivi. Questo può essere particolarmente utile quando ti trovi a corto di idee o desideri arricchire il tuo vocabolario. Quando inizi a digitare una parola o una frase, Copilot analizza il contesto e ti propone suggerimenti basati su modelli di testo esistenti. Puoi accettare o rifiutare queste proposte a seconda delle tue esigenze.

Ad esempio, se stai scrivendo un articolo su un argomento specifico, Copilot può suggerirti parole chiave correlate o frasi comuni utilizzate in quel campo. Questo ti permette di arricchire il tuo testo con termini appropriati e di migliorare la sua coerenza.

2.4.2 Correzione grammaticale e ortografica

Copilot può anche aiutarti a correggere errori grammaticali e ortografici nel tuo testo. Grazie alla sua vasta conoscenza dei modelli di testo, Copilot è in grado di riconoscere errori comuni e suggerire correzioni appropriate. Questo ti permette di scrivere in modo più accurato e professionale, evitando errori che potrebbero compromettere la comprensione del tuo messaggio.

Quando Copilot rileva un errore, ti mostrerà una correzione possibile. Puoi accettare la correzione semplicemente selezionandola o ignorarla se ritieni che il tuo testo sia corretto. Tuttavia, è sempre consigliabile prendere in considerazione le correzioni suggerite da Copilot, in quanto può offrire una prospettiva utile sulla grammatica e sull'ortografia.

2.4.3 Struttura del testo

Copilot può anche fornire suggerimenti sulla struttura del tuo testo. Ad esempio, se stai scrivendo un saggio o un articolo, Copilot può suggerire come organizzare le tue idee in paragrafi coerenti e ben strutturati. Questo ti aiuta a mantenere una logica chiara nel tuo testo e a rendere più facile la comprensione da parte dei lettori.

Inoltre, Copilot può suggerire frasi di transizione per collegare le tue idee in modo fluido. Questo è particolarmente utile quando passi da un argomento all'altro o quando vuoi introdurre un nuovo punto nel tuo testo. I suggerimenti di Copilot ti aiutano a creare una narrazione coerente e a mantenere il flusso del tuo testo.

2.4.4 Stile di scrittura

Copilot può anche offrire suggerimenti per migliorare lo stile della tua scrittura. Può suggerire alternative per rendere il tuo testo più vivace e coinvolgente. Ad esempio, se stai scrivendo un discorso, Copilot può suggerire espressioni idiomatiche o figure retoriche che possono rendere il tuo discorso più persuasivo.

Inoltre, Copilot può aiutarti a evitare ripetizioni e a variare il tuo vocabolario. Questo rende il tuo testo più interessante da leggere e impedisce che diventi monotono. Copilot può anche suggerire sinonimi per rendere il tuo testo più ricco e vario.

2.4.5 Personalizzazione dei suggerimenti

È importante ricordare che Copilot è un assistente e che spetta a te prendere le decisioni finali sulla tua scrittura. Puoi personalizzare i suggerimenti di Copilot in base alle tue preferenze e al tuo stile di scrittura. Se ritieni che un suggerimento non sia adatto al tuo testo o che non rispecchi il tuo stile, sei libero di ignorarlo.

Inoltre, puoi anche fornire feedback a Copilot sui suggerimenti che ti vengono proposti. Se ritieni che un suggerimento sia particolarmente utile o che un'altra opzione sarebbe stata più appropriata, puoi segnalarlo a Copilot. Questo aiuta Copilot a migliorare nel tempo e a fornirti suggerimenti sempre più rilevanti e personalizzati.

In conclusione, Copilot può essere un prezioso alleato nella scrittura, fornendo suggerimenti di parole, correzioni grammaticali, suggerimenti sulla struttura del testo, miglioramenti dello stile di scrittura e molto altro. Tuttavia, è importante ricordare che Copilot è solo uno strumento e che spetta a te prendere le decisioni finali sulla tua scrittura. Utilizza i suggerimenti di Copilot come guida e come fonte di ispirazione, ma ricorda sempre di mantenere la tua voce e il tuo stile unici.

3 Utilizzare Copilot per la creazione di grafici

3.1 Introduzione alla creazione di grafici con Copilot

La creazione di grafici è un'attività fondamentale in molti settori, come l'analisi dei dati, la visualizzazione delle informazioni e la presentazione dei risultati. Con l'aiuto di Copilot, puoi semplificare e velocizzare il processo di creazione di grafici, ottenendo risultati professionali in modo rapido ed efficiente.

3.1.1 Come funziona Copilot nella creazione di grafici

Copilot utilizza l'intelligenza artificiale per comprendere le tue esigenze e generare automaticamente il codice necessario per creare grafici. Grazie alla sua capacità di apprendimento automatico, Copilot è in grado di analizzare un vasto numero di esempi e modelli di grafici, imparando le migliori pratiche e suggerendo soluzioni ottimali per le tue esigenze specifiche.

Per utilizzare Copilot nella creazione di grafici, devi fornire le informazioni di base, come i dati da rappresentare e il tipo di grafico desiderato. Copilot analizzerà i dati e genererà il codice necessario per creare il grafico richiesto. Puoi anche personalizzare ulteriormente il grafico, apportando modifiche al codice generato o utilizzando le funzionalità di personalizzazione offerte da Copilot.

3.1.2 Vantaggi di utilizzare Copilot per la creazione di grafici

L'utilizzo di Copilot per la creazione di grafici offre numerosi vantaggi. Ecco alcuni dei principali:

24. **Risparmio di tempo**: Copilot automatizza gran parte del processo di creazione di grafici, riducendo il tempo necessario per scrivere il codice da zero. Puoi ottenere risultati professionali in pochi minuti anziché ore.

25. **Facilità d'uso**: Copilot è progettato per essere intuitivo e facile da usare, anche per coloro che non hanno esperienza nella creazione di grafici. Non è necessario essere esperti programmatori per utilizzare Copilot con successo.

26. **Qualità dei risultati**: Grazie alla sua capacità di apprendimento automatico, Copilot è in grado di generare grafici di alta qualità, rispettando le migliori pratiche e adattandosi alle tue esigenze specifiche.

27. **Personalizzazione**: Copilot offre la possibilità di personalizzare i grafici generati, consentendoti di apportare modifiche al codice generato o di utilizzare le funzionalità di personalizzazione offerte da

Copilot. Puoi adattare i grafici alle tue preferenze estetiche o alle specifiche del progetto.

28. **Esplorazione creativa**: Copilot può stimolare la tua creatività nella creazione di grafici, offrendo suggerimenti e soluzioni che potresti non aver considerato. Puoi sperimentare diverse opzioni e scoprire nuove prospettive nella visualizzazione dei dati.

3.1.3 Esempi pratici di creazione di grafici con Copilot

Per comprendere meglio come Copilot può essere utilizzato nella creazione di grafici, ecco alcuni esempi pratici:

29. **Grafico a barre**: Supponiamo di avere un set di dati che rappresenta le vendite mensili di un prodotto. Utilizzando Copilot, possiamo generare facilmente un grafico a barre che visualizza le vendite per ogni mese. Copilot si occuperà di creare il codice necessario per il grafico a barre, consentendoci di concentrarci sulla visualizzazione dei dati.

30. **Grafico a torta**: Immaginiamo di dover rappresentare la distribuzione percentuale di diverse categorie di prodotti. Copilot può generare il codice per un grafico a torta che visualizza chiaramente la percentuale di ciascuna categoria. Possiamo anche personalizzare il grafico, ad esempio, evidenziando una categoria specifica o aggiungendo una legenda.

31. **Grafico a dispersione**: Se abbiamo un set di dati che rappresenta la relazione tra due variabili, Copilot può generare il codice per un grafico a dispersione che mostra la distribuzione dei punti nel piano cartesiano. Possiamo anche aggiungere etichette o colori per evidenziare ulteriormente i dati.

32. **Grafico a linee**: Supponiamo di voler visualizzare l'andamento delle temperature medie mensili di una città nel corso di un anno. Copilot può generare il codice per un grafico a linee che mostra chiaramente le variazioni delle temperature nel tempo. Possiamo anche personalizzare il grafico aggiungendo assi, etichette o colori diversi per rappresentare diverse stagioni.

Questi sono solo alcuni esempi di come Copilot può essere utilizzato per creare grafici in modo rapido ed efficiente. Con l'aiuto di Copilot, puoi esplorare ulteriori tipi di grafici e personalizzazioni per adattarli alle tue esigenze specifiche.

In questo capitolo, abbiamo introdotto l'utilizzo di Copilot nella creazione di grafici. Abbiamo spiegato come funziona Copilot, i suoi vantaggi e fornito alcuni esempi pratici. Nel prossimo capitolo, esploreremo ulteriori funzionalità di Copilot per la ricerca di informazioni.

3.2 Generare grafici con Copilot

La creazione di grafici è un'attività comune in molti settori, come la scienza, l'analisi dei dati e la presentazione di informazioni complesse. Con l'aiuto di Copilot, puoi generare grafici in modo rapido ed efficiente, risparmiando tempo e sforzo. In questa sezione, esploreremo come utilizzare Copilot per generare grafici e come personalizzarli per adattarli alle tue esigenze.

3.2.1 Introduzione alla generazione di grafici con Copilot

Prima di iniziare a generare grafici con Copilot, è importante comprendere i concetti di base relativi alla creazione di grafici. Un grafico è una rappresentazione visiva dei dati, che consente di identificare tendenze, modelli e relazioni tra le variabili. I grafici possono essere utilizzati per visualizzare dati numerici, dati categorici o una combinazione di entrambi.

Copilot può aiutarti a generare diversi tipi di grafici, come grafici a barre, grafici a torta, grafici a dispersione e grafici a linee. Puoi utilizzare Copilot per creare grafici a partire dai dati che hai a disposizione, oppure puoi chiedere a Copilot di generare dati casuali per creare un grafico di esempio.

3.2.2 Come generare grafici con Copilot

Per generare un grafico con Copilot, devi fornire i dati di input e specificare il tipo di grafico che desideri creare. Ad esempio, se desideri creare un grafico a barre per visualizzare le vendite mensili di un prodotto, devi fornire i dati delle vendite per ogni mese e specificare che desideri un grafico a barre.

Puoi interagire con Copilot utilizzando il linguaggio naturale. Ad esempio, puoi scrivere una frase come "Genera un grafico a torta che mostri la distribuzione delle preferenze alimentari" e Copilot capirà la tua richiesta e genererà il grafico corrispondente.

Copilot può anche aiutarti a personalizzare il tuo grafico. Puoi specificare il colore, lo stile e la dimensione dei punti nel grafico a dispersione, o puoi modificare l'asse x o l'asse y nel grafico a linee. Copilot ti fornirà suggerimenti e opzioni per personalizzare il tuo grafico in base alle tue preferenze.

3.2.3 Esempi pratici di generazione di grafici con Copilot

Per comprendere meglio come utilizzare Copilot per generare grafici, vediamo alcuni esempi pratici.

Esempio 1: Generazione di un grafico a barre delle vendite mensili di un prodotto.

Input: I dati delle vendite mensili del prodotto X sono: gennaio - 100 unità, feb braio - 150 unità, marzo - 200 unità.

Output: Genera un grafico a barre che mostri le vendite mensili del prodotto X
.

Copilot genererà un grafico a barre che visualizza le vendite mensili del prodotto X, con l'asse x che rappresenta i mesi e l'asse y che rappresenta il numero di unità vendute.

Esempio 2: Generazione di un grafico a torta che mostra la distribuzione delle preferenze alimentari.

Input: Le preferenze alimentari dei partecipanti sono: pizza - 30%, pasta - 40 %, sushi - 20%, hamburger - 10%.
Output: Genera un grafico a torta che mostri la distribuzione delle preferenze alimentari dei partecipanti.

Copilot genererà un grafico a torta che visualizza la distribuzione delle preferenze alimentari, con ogni categoria rappresentata da una fetta del grafico proporzionale alla percentuale fornita.

3.2.4 Suggerimenti per la personalizzazione dei grafici con Copilot

Quando utilizzi Copilot per generare grafici, ecco alcuni suggerimenti per personalizzare i tuoi grafici in base alle tue esigenze:

33. Scegli il tipo di grafico più appropriato per i tuoi dati. Ad esempio, se desideri visualizzare la tendenza temporale dei dati, potresti optare per un grafico a linee. Se desideri confrontare le quantità, potresti utilizzare un grafico a barre.

34. Personalizza i colori e lo stile del tuo grafico per renderlo più accattivante e leggibile. Assicurati che i colori utilizzati siano distinguibili e che il testo sia facilmente leggibile.

35. Aggiungi etichette agli assi e ai punti del tuo grafico per fornire ulteriori informazioni. Le etichette possono includere nomi delle categorie, valori numerici o descrizioni.

36. Utilizza legende per spiegare i diversi elementi del tuo grafico. Le legende possono essere posizionate all'interno del grafico o in una posizione separata.

37. Esplora le opzioni di personalizzazione offerte da Copilot. Copilot può fornire suggerimenti e opzioni per personalizzare ulteriormente il tuo grafico in base alle tue preferenze.

Utilizzando questi suggerimenti e sfruttando le potenzialità di Copilot, sarai in grado di generare grafici professionali e di alta qualità in modo rapido ed efficiente.

In questa sezione, abbiamo esplorato come utilizzare Copilot per generare grafici. Abbiamo visto come fornire i dati di input, specificare il tipo di grafico desiderato e personalizzare il grafico generato. Ora che hai acquisito queste competenze, sei pronto per sperimentare con Copilot e creare grafici che ti aiuteranno a visualizzare e comunicare i tuoi dati in modo efficace.

3.3 Personalizzare grafici con Copilot

Copilot è un potente strumento di intelligenza artificiale che può essere utilizzato per creare grafici personalizzati in modo rapido ed efficiente. Grazie alla sua capacità di generare codice e suggerimenti, Copilot può semplificare notevolmente il processo di creazione di grafici, consentendo agli utenti di concentrarsi sulla visualizzazione dei dati in modo chiaro e accattivante.

3.3.1 Scegliere il tipo di grafico

Quando si utilizza Copilot per personalizzare grafici, il primo passo è scegliere il tipo di grafico più adatto alle proprie esigenze. Copilot può fornire suggerimenti in base ai dati forniti e alle informazioni sul contesto. Ad esempio, se si desidera visualizzare una serie di dati temporali, Copilot potrebbe suggerire l'utilizzo di un grafico a linee o a barre. Se si desidera confrontare diverse categorie di dati, Copilot potrebbe suggerire l'utilizzo di un grafico a torta o a colonne.

3.3.2 Personalizzare l'aspetto del grafico

Una volta scelto il tipo di grafico, è possibile personalizzarne l'aspetto per renderlo più accattivante e adatto al proprio scopo. Copilot può suggerire diverse opzioni di personalizzazione, come il colore, lo stile delle linee, la dimensione dei punti e molto altro. Inoltre, Copilot può fornire suggerimenti sulla disposizione dei dati e sull'assegnazione delle etichette, in modo da rendere il grafico più comprensibile per il pubblico di destinazione.

3.3.3 Aggiungere elementi aggiuntivi al grafico

Copilot può anche aiutare gli utenti a aggiungere elementi aggiuntivi al grafico per arricchirne la presentazione. Ad esempio, Copilot può suggerire l'aggiunta di una legenda per spiegare i diversi elementi del grafico, o l'inclusione di una griglia per facilitare la lettura dei valori. Inoltre, Copilot può suggerire l'aggiunta di titoli, sottotitoli o note esplicative per fornire ulteriori informazioni sul grafico.

3.3.4 Ottimizzare le prestazioni del grafico

Copilot può anche aiutare gli utenti a ottimizzare le prestazioni del grafico, suggerendo tecniche per ridurre il carico computazionale e migliorare la velocità di visualizzazione. Ad esempio, Copilot potrebbe suggerire l'utilizzo di grafici a barre anziché grafici a torta per visualizzare grandi quantità di dati, in quanto i grafici a barre sono generalmente più veloci da elaborare. Inoltre,

Copilot può suggerire l'utilizzo di tecniche di compressione dei dati per ridurre la dimensione del file del grafico e migliorare la velocità di caricamento.

3.3.5 Esempi pratici di personalizzazione di grafici con Copilot

Per comprendere meglio come Copilot può essere utilizzato per personalizzare grafici, ecco alcuni esempi pratici:

38. Supponiamo di avere un set di dati che rappresenta le vendite mensili di un'azienda. Utilizzando Copilot, possiamo generare un grafico a linee che mostra l'andamento delle vendite nel corso dell'anno. Copilot può suggerire l'aggiunta di etichette sull'asse delle x per indicare i mesi e l'assegnazione di colori diversi per distinguere le vendite di diversi prodotti.

39. Immaginiamo di voler visualizzare la distribuzione delle età di un gruppo di persone. Utilizzando Copilot, possiamo generare un grafico a torta che mostra la percentuale di persone in diverse fasce di età. Copilot può suggerire l'aggiunta di una legenda per spiegare le diverse fasce di età e l'uso di colori diversi per evidenziare le diverse categorie.

40. Supponiamo di voler confrontare le vendite di diversi prodotti in diverse regioni. Utilizzando Copilot, possiamo generare un grafico a colonne che mostra le vendite di ogni prodotto in ogni regione. Copilot può suggerire l'aggiunta di una griglia per facilitare la lettura dei valori e l'uso di colori diversi per distinguere le diverse regioni.

Questi sono solo alcuni esempi di come Copilot può essere utilizzato per personalizzare grafici. Con la sua intelligenza artificiale avanzata, Copilot può fornire suggerimenti personalizzati in base alle esigenze specifiche degli utenti, consentendo loro di creare grafici accattivanti e informativi in modo rapido ed efficiente.

3.4 Esempi pratici di creazione di grafici con Copilot

La creazione di grafici è un'attività comune in molti campi, come la scienza, l'economia e la visualizzazione dei dati. Copilot può essere un prezioso alleato nella creazione di grafici, fornendo suggerimenti e assistenza per rendere il processo più efficiente e accurato. In questa sezione, esploreremo alcuni esempi pratici di come utilizzare Copilot per creare grafici.

3.4.1 Creazione di un grafico a barre

Supponiamo di voler creare un grafico a barre per visualizzare i risultati di un sondaggio. Possiamo utilizzare Copilot per generare il codice necessario per creare il grafico. Ad esempio, possiamo chiedere a Copilot di generare il codice per creare un grafico a barre utilizzando la libreria di visualizzazione dei dati più comune, come Matplotlib.

```
import matplotlib.pyplot as plt

# Dati del sondaggio
categorie = ['A', 'B', 'C', 'D']
risultati = [25, 40, 30, 55]

# Creazione del grafico a barre
plt.bar(categorie, risultati)
plt.xlabel('Categorie')
plt.ylabel('Risultati')
plt.title('Risultati del sondaggio')

# Visualizzazione del grafico
plt.show()
```

Copilot può generare il codice di base per creare il grafico a barre e fornire suggerimenti per personalizzare l'aspetto del grafico, come l'aggiunta di etichette agli assi o la modifica dei colori delle barre. Questo rende la creazione di grafici più rapida ed efficiente, consentendoci di concentrarci sulla visualizzazione dei dati in modo chiaro ed efficace.

3.4.2 Creazione di un grafico a torta

Un altro tipo comune di grafico è il grafico a torta, che viene utilizzato per visualizzare la distribuzione percentuale di una serie di categorie. Copilot può aiutarci a creare un grafico a torta in modo semplice e veloce. Ad esempio, possiamo chiedere a Copilot di generare il codice per creare un grafico a torta utilizzando la libreria Matplotlib.

```
import matplotlib.pyplot as plt

# Dati del sondaggio
categorie = ['A', 'B', 'C', 'D']
percentuali = [25, 40, 30, 55]

# Creazione del grafico a torta
plt.pie(percentuali, labels=categorie, autopct='%1.1f%%')
plt.title('Distribuzione percentuale delle categorie')

# Visualizzazione del grafico
plt.show()
```

Copilot può generare il codice di base per creare il grafico a torta e fornire suggerimenti per personalizzare l'aspetto del grafico, come l'aggiunta di etichette percentuali o la modifica dei colori delle fette. Questo ci permette di creare grafici a torta accattivanti e informativi con facilità.

3.4.3 Creazione di un grafico a dispersione

Un grafico a dispersione è utile per visualizzare la relazione tra due variabili continue. Copilot può aiutarci a creare un grafico a dispersione in modo rapido e semplice. Ad esempio, supponiamo di avere due elenchi di dati, uno rappresentante la variabile X e l'altro la variabile Y. Possiamo chiedere a Copilot di generare il codice per creare un grafico a dispersione utilizzando la libreria Matplotlib.

```
import matplotlib.pyplot as plt

# Dati delle variabili X e Y
variabile_x = [1, 2, 3, 4, 5]
variabile_y = [2, 4, 6, 8, 10]

# Creazione del grafico a dispersione
plt.scatter(variabile_x, variabile_y)
plt.xlabel('Variabile X')
plt.ylabel('Variabile Y')
plt.title('Relazione tra X e Y')

# Visualizzazione del grafico
plt.show()
```

Copilot può generare il codice di base per creare il grafico a dispersione e fornire suggerimenti per personalizzare l'aspetto del grafico, come l'aggiunta di etichette agli assi o la modifica delle dimensioni dei punti. Questo ci permette di visualizzare chiaramente la relazione tra le due variabili e individuare eventuali pattern o tendenze.

3.4.4 Creazione di un grafico a linee

Un grafico a linee è spesso utilizzato per visualizzare la variazione di una variabile nel tempo. Copilot può aiutarci a creare un grafico a linee in modo semplice e intuitivo. Ad esempio, supponiamo di avere una serie di dati che rappresentano la temperatura giornaliera di una città per un determinato periodo di tempo. Possiamo chiedere a Copilot di generare il codice per creare un grafico a linee utilizzando la libreria Matplotlib.

```
import matplotlib.pyplot as plt

# Dati della temperatura giornaliera
giorni = [1, 2, 3, 4, 5]
temperature = [20, 22, 25, 23, 21]

# Creazione del grafico a linee
plt.plot(giorni, temperature)
plt.xlabel('Giorni')
```

plt.ylabel('Temperatura (°C)')
plt.title('Variazione della temperatura giornaliera')

\# Visualizzazione del grafico
plt.show()

Copilot può generare il codice di base per creare il grafico a linee e fornire suggerimenti per personalizzare l'aspetto del grafico, come l'aggiunta di etichette agli assi o la modifica dello stile della linea. Questo ci permette di visualizzare chiaramente la variazione della temperatura nel tempo e individuare eventuali pattern o tendenze.

Questi sono solo alcuni esempi di come Copilot può essere utilizzato per creare grafici in modo più efficiente e creativo. Con l'aiuto di Copilot, possiamo sfruttare al massimo le potenzialità della visualizzazione dei dati e comunicare in modo chiaro ed efficace le informazioni attraverso i grafici.

4 Utilizzare Copilot per la ricerca di informazioni

4.1 Come Copilot può aiutarti nella ricerca di informazioni

Copilot non è solo un assistente per la scrittura e la creazione di grafici, ma può anche essere un prezioso alleato nella ricerca di informazioni. Grazie alla sua intelligenza artificiale avanzata, Copilot può aiutarti a trovare rapidamente le informazioni di cui hai bisogno, fornendoti suggerimenti e risposte pertinenti.

4.1.1 Utilizzo di Copilot per la ricerca di informazioni

Copilot può essere utilizzato per la ricerca di informazioni in diversi modi. Puoi porre domande specifiche a Copilot e ottenere risposte dettagliate e accurate. Ad esempio, se stai cercando informazioni sulle caratteristiche di un determinato prodotto, puoi chiedere a Copilot di fornirti una descrizione dettagliata e le specifiche tecniche.

Inoltre, Copilot può aiutarti a trovare fonti affidabili e pertinenti per la tua ricerca. Puoi chiedere a Copilot di suggerirti libri, articoli scientifici o siti web rilevanti su un determinato argomento. Copilot può analizzare una vasta quantità di informazioni e selezionare le fonti più affidabili e autorevoli per te.

4.1.2 Esempi pratici di ricerca di informazioni con Copilot

Ecco alcuni esempi pratici di come Copilot può aiutarti nella ricerca di informazioni:

41. **Ricerca di informazioni scientifiche**: Se stai lavorando su un progetto scientifico e hai bisogno di informazioni aggiornate e accurate, puoi chiedere a Copilot di trovare articoli scientifici pertinenti sul tuo argomento di interesse. Copilot può suggerirti le pubblicazioni più recenti e le fonti più autorevoli nel campo.

42. **Ricerca di informazioni storiche**: Se sei appassionato di storia e vuoi approfondire un determinato periodo o evento storico, Copilot può aiutarti a trovare libri, documentari o siti web che trattano l'argomento. Puoi chiedere a Copilot di suggerirti le migliori risorse per approfondire la tua ricerca.

43. **Ricerca di informazioni mediche**: Se hai domande su una determinata condizione medica o vuoi conoscere le ultime scoperte nel campo della medicina, Copilot può aiutarti a trovare informazioni affidabili. Puoi chiedere a Copilot di fornirti una panoramica delle opzioni di trattamento disponibili o di suggerirti fonti autorevoli per approfondire l'argomento.

4.1.3 Suggerimenti per l'efficace utilizzo di Copilot nella ricerca di informazioni

Per ottenere i migliori risultati nella ricerca di informazioni con Copilot, ecco alcuni suggerimenti utili:

44. **Sii specifico**: Quando poni una domanda a Copilot, cerca di essere il più specifico possibile. In questo modo, Copilot sarà in grado di fornirti risposte più accurate e pertinenti.

45. **Verifica le fonti**: Anche se Copilot seleziona le fonti più affidabili per te, è sempre consigliabile verificare le informazioni da diverse fonti. In questo modo, puoi ottenere una visione più completa e bilanciata dell'argomento.

46. **Sperimenta**: Non aver paura di sperimentare con Copilot. Prova diverse domande e approcci per ottenere le informazioni di cui hai bisogno. Copilot è un assistente intelligente e può imparare dai tuoi input per fornirti risultati sempre migliori.

4.1.4 Limitazioni nella ricerca di informazioni con Copilot

Nonostante le sue capacità avanzate, Copilot ha alcune limitazioni nella ricerca di informazioni. Ecco alcune delle limitazioni da tenere in considerazione:

47. **Accesso alle fonti**: Copilot può fornirti informazioni solo da fonti a cui ha accesso. Se una determinata fonte non è disponibile per Copilot, potrebbe non essere in grado di fornirti le informazioni desiderate.

48. **Informazioni obsolete**: Copilot può fornirti informazioni aggiornate, ma potrebbe non essere in grado di tenere il passo con gli ultimi sviluppi in tempo reale. È sempre consigliabile verificare la data delle informazioni fornite da Copilot.

49. **Comprensione del contesto**: Copilot può avere difficoltà a comprendere il contesto specifico di una domanda. Potrebbe fornire risposte generali o non pertinenti se la domanda è ambigua o mal formulata.

Nonostante queste limitazioni, Copilot rimane un potente strumento per la ricerca di informazioni, fornendo suggerimenti e risposte rapide ed efficaci.

Continua a leggere per scoprire come Copilot può stimolare la tua creatività nel Capitolo 5.

4.2 Esempi pratici di ricerca di informazioni con Copilot

La ricerca di informazioni è un'attività fondamentale nella nostra vita quotidiana. Che si tratti di trovare dati per un progetto di lavoro, di cercare informazioni per un compito scolastico o di scoprire nuovi fatti su un argomento di interesse personale, Copilot può essere un prezioso alleato nella ricerca di informazioni.

4.2.1 Ricerca di informazioni su un argomento specifico

Immagina di dover scrivere un articolo sul cambiamento climatico e hai bisogno di raccogliere informazioni accurate e aggiornate su questo argomento. Copilot può aiutarti a trovare le informazioni di cui hai bisogno in modo rapido ed efficiente. Puoi iniziare digitando una domanda o una frase chiave legata al cambiamento climatico, come "cause del cambiamento climatico" o "effetti del riscaldamento globale". Copilot utilizzerà il suo vasto database di conoscenze per generare una serie di possibili risposte e informazioni pertinenti sull'argomento. Puoi quindi esaminare le risposte proposte da Copilot e selezionare quelle che ritieni più utili per il tuo articolo.

4.2.2 Ricerca di informazioni su un prodotto o servizio

Quando si desidera acquistare un nuovo prodotto o utilizzare un servizio, è importante ottenere informazioni dettagliate per prendere una decisione informata. Copilot può aiutarti a trovare recensioni, valutazioni e informazioni sui prezzi di un prodotto o servizio specifico. Ad esempio, se stai cercando di acquistare un nuovo smartphone, puoi chiedere a Copilot di trovare recensioni dei modelli più recenti e confrontare le caratteristiche tecniche. Copilot può anche fornirti informazioni sui prezzi e sui negozi online dove puoi acquistare il prodotto al miglior prezzo.

4.2.3 Ricerca di informazioni storiche

La ricerca di informazioni storiche può essere un compito impegnativo, ma Copilot può semplificarlo notevolmente. Se stai cercando informazioni su un evento storico specifico o su una figura storica, puoi chiedere a Copilot di fornirti una panoramica generale sull'argomento. Ad esempio, se stai studiando la Rivoluzione Francese, puoi chiedere a Copilot di fornirti una descrizione delle cause e degli eventi principali di quel periodo storico. Copilot può anche suggerirti libri o risorse online che approfondiscono l'argomento.

4.2.4 Ricerca di informazioni scientifiche

La ricerca di informazioni scientifiche può richiedere tempo e sforzo, ma Copilot può semplificare il processo. Se stai cercando informazioni su un argomento scientifico specifico, puoi chiedere a Copilot di fornirti una spiegazione dettagliata sull'argomento. Ad esempio, se stai studiando la teoria dell'evoluzione, puoi chiedere a Copilot di spiegarti i principi fondamentali di questa teoria e fornirti esempi concreti. Copilot può anche suggerirti articoli scientifici o pubblicazioni accademiche pertinenti all'argomento.

4.2.5 Ricerca di informazioni su eventi attuali

Quando si verificano eventi attuali o notizie di rilievo, è importante essere aggiornati e avere accesso alle informazioni più recenti. Copilot può aiutarti a trovare notizie e informazioni aggiornate su eventi attuali. Puoi chiedere a Copilot di fornirti gli ultimi titoli di notizie su un argomento specifico o di fornirti una panoramica generale sugli eventi attuali più importanti. Copilot può anche suggerirti fonti affidabili di informazioni, come siti di notizie autorevoli o account social media di organizzazioni giornalistiche.

La ricerca di informazioni con Copilot può essere un modo efficace per ottenere risposte rapide e accurate alle tue domande. Tuttavia, è importante ricordare che Copilot è un assistente virtuale e le informazioni fornite possono non essere sempre completamente accurate o aggiornate. Pertanto, è sempre consigliabile verificare le informazioni trovate con fonti affidabili e approfondire la ricerca quando necessario.

4.3 Suggerimenti per l'efficace utilizzo di Copilot nella ricerca di informazioni

La ricerca di informazioni è un'attività fondamentale nella nostra vita quotidiana. Che si tratti di trovare dati per un progetto di lavoro, di cercare informazioni per un compito scolastico o di scoprire nuovi fatti su un argomento di interesse personale, Copilot può essere un prezioso alleato nella ricerca di informazioni. In questa sezione, ti fornirò alcuni suggerimenti per utilizzare Copilot in modo efficace nella ricerca di informazioni.

4.3.1 Definisci chiaramente ciò che stai cercando

Prima di iniziare la ricerca con Copilot, è importante avere una chiara comprensione di ciò che stai cercando. Definisci il tuo obiettivo di ricerca e identifica le parole chiave o le frasi che possono aiutarti a trovare le informazioni desiderate. Ad esempio, se stai cercando informazioni sul cambiamento climatico, potresti utilizzare parole chiave come "cambiamento climatico", "effetto serra" o "riscaldamento globale".

4.3.2 Utilizza domande specifiche

Per ottenere risultati più precisi, prova a formulare domande specifiche nella tua ricerca. Ad esempio, invece di cercare "cause del cambiamento climatico", potresti chiedere "Quali sono le principali cause del cambiamento climatico?" o "Quali sono gli effetti del cambiamento climatico sull'ambiente?" Copilot sarà in grado di comprendere meglio la tua richiesta e fornirti informazioni più rilevanti.

4.3.3 Sfrutta le funzionalità di Copilot per la ricerca di informazioni

Copilot offre diverse funzionalità che possono facilitare la ricerca di informazioni. Ad esempio, puoi utilizzare la funzione di completamento automatico per ottenere suggerimenti mentre digiti la tua query di ricerca. Inoltre, puoi sfruttare la funzione di ricerca avanzata per filtrare i risultati in base a criteri specifici, come la data di pubblicazione o la fonte dell'informazione.

4.3.4 Valuta criticamente le informazioni fornite da Copilot

Anche se Copilot è un potente strumento di ricerca, è importante valutare criticamente le informazioni fornite. Verifica sempre la fonte delle informazioni e cerca conferme da fonti affidabili. Ricorda che Copilot può fornire suggerimenti e informazioni basate su dati preesistenti, ma potrebbe non essere in grado di distinguere tra informazioni accurate e inaccurate.

4.3.5 Sperimenta con diverse query di ricerca

La ricerca di informazioni è un processo iterativo. Non aver paura di sperimentare con diverse query di ricerca per ottenere risultati più completi e accurati. Prova a utilizzare sinonimi o termini correlati per ampliare la tua ricerca e scoprire nuove fonti di informazioni. Copilot può aiutarti a generare nuove idee di ricerca e suggerimenti per migliorare la tua esperienza di ricerca.

4.3.6 Mantieni un approccio critico e creativo

Copilot può essere un ottimo strumento per la ricerca di informazioni, ma non sostituisce il tuo pensiero critico e creativo. Mantieni sempre un approccio critico verso le informazioni fornite e cerca di sviluppare nuove idee e connessioni tra le informazioni trovate. Utilizza Copilot come un compagno di ricerca che ti fornisce suggerimenti e spunti, ma ricorda che sei tu a dover elaborare e interpretare le informazioni trovate.

4.3.7 Mantieni la tua privacy e sicurezza

Quando utilizzi Copilot per la ricerca di informazioni, ricorda di mantenere la tua privacy e sicurezza online. Evita di condividere informazioni personali o sensibili durante la ricerca e utilizza connessioni sicure quando accedi a siti web o risorse online. Proteggere la tua privacy e sicurezza online è fondamentale per garantire un'esperienza di ricerca positiva e sicura.

4.3.8 Aggiorna le tue competenze di ricerca

L'intelligenza artificiale, come Copilot, è in continua evoluzione. Per utilizzare al meglio Copilot nella ricerca di informazioni, è importante tenersi aggiornati sulle nuove funzionalità e le migliori pratiche di ricerca. Partecipa a corsi di formazione o leggi articoli sull'argomento per migliorare le tue competenze di ricerca e sfruttare appieno le potenzialità di Copilot.

Utilizzando questi suggerimenti, sarai in grado di sfruttare al meglio Copilot nella ricerca di informazioni. Ricorda che Copilot è un potente strumento di ricerca, ma è importante utilizzarlo in modo critico e responsabile. Sperimenta, esplora e scopri come Copilot può aiutarti a trovare le informazioni di cui hai bisogno in modo più efficiente ed efficace.

4.4 Limitazioni nella ricerca di informazioni con Copilot

Copilot è un'innovativa intelligenza artificiale che può essere un prezioso strumento per la ricerca di informazioni. Tuttavia, come ogni tecnologia, ha alcune limitazioni che è importante tenere in considerazione. In questa sezione, esploreremo le principali limitazioni nella ricerca di informazioni con Copilot.

4.4.1 Comprensione del contesto

Una delle principali limitazioni di Copilot nella ricerca di informazioni è la sua capacità di comprendere il contesto. Nonostante sia in grado di generare testi coerenti e pertinenti, può avere difficoltà a comprendere il significato più ampio di una determinata ricerca. Ad esempio, se si cerca informazioni su un argomento specifico, Copilot potrebbe fornire risultati che sono rilevanti solo in parte o che non tengono conto del contesto specifico della ricerca.

4.4.2 Limitazioni linguistiche

Un'altra limitazione di Copilot nella ricerca di informazioni riguarda le sue capacità linguistiche. Nonostante sia stato addestrato su un vasto corpus di testi in diverse lingue, potrebbe avere difficoltà a comprendere e generare testi in modo accurato in alcune lingue meno comuni o complesse. Inoltre, potrebbe non essere in grado di comprendere correttamente il significato di parole o frasi ambigue, portando a risultati inaccurati o fuorvianti nella ricerca di informazioni.

4.4.3 Dipendenza dai dati di addestramento

Copilot si basa su un vasto insieme di dati di addestramento per generare testi e fornire risultati nella ricerca di informazioni. Tuttavia, questa dipendenza dai dati di addestramento può portare a limitazioni nella ricerca di informazioni. Se i dati di addestramento non coprono adeguatamente un determinato argomento o non sono rappresentativi della realtà attuale, Copilot potrebbe fornire risultati incompleti o non aggiornati.

4.4.4 Limitazioni nell'accesso alle fonti di informazione

Un'altra limitazione nella ricerca di informazioni con Copilot riguarda l'accesso alle fonti di informazione. Nonostante sia in grado di generare testi coerenti e pertinenti, Copilot potrebbe non avere accesso a tutte le fonti di informazione disponibili. Ciò potrebbe limitare la sua capacità di fornire risultati completi e accurati nella ricerca di informazioni.

4.4.5 Limitazioni nell'interpretazione dei risultati

Copilot può fornire una vasta gamma di risultati nella ricerca di informazioni, ma è importante tenere presente che la sua interpretazione dei risultati potrebbe non essere sempre accurata. Copilot potrebbe non essere in grado di distinguere tra informazioni verificate e non verificate, o potrebbe fornire risultati che sono influenzati da pregiudizi o opinioni presenti nei dati di addestramento. Pertanto, è importante valutare criticamente i risultati forniti da Copilot e verificare le informazioni da fonti affidabili.

4.4.6 Limitazioni nell'aggiornamento delle conoscenze

Le conoscenze di Copilot sono basate sui dati di addestramento disponibili al momento dell'addestramento. Tuttavia, le informazioni e le conoscenze possono evolvere nel tempo, rendendo necessario l'aggiornamento delle conoscenze di Copilot. Copilot potrebbe non essere in grado di tenere il passo con gli sviluppi più recenti in determinati campi o settori, limitando la sua capacità di fornire informazioni aggiornate nella ricerca di informazioni.

In conclusione, Copilot è un potente strumento per la ricerca di informazioni, ma presenta alcune limitazioni che è importante tenere in considerazione. La comprensione del contesto, le limitazioni linguistiche, la dipendenza dai dati di addestramento, le limitazioni nell'accesso alle fonti di informazione, le limitazioni nell'interpretazione dei risultati e le limitazioni nell'aggiornamento delle conoscenze sono tutti aspetti che possono influenzare la capacità di Copilot di fornire risultati accurati e completi nella ricerca di informazioni. Pertanto, è importante utilizzare Copilot come uno strumento di supporto e valutare criticamente i risultati forniti, verificando sempre le informazioni da fonti affidabili.

5 Copilot e la creatività

5.1 Come Copilot può stimolare la creatività

Copilot non è solo un semplice strumento per l'automazione di compiti specifici, ma può anche essere un valido alleato per stimolare la creatività. Grazie alla sua intelligenza artificiale avanzata, Copilot può offrire suggerimenti e idee innovative che possono aiutarti a esplorare nuovi orizzonti creativi.

5.1.1 L'ispirazione creativa di Copilot

Copilot può essere una fonte di ispirazione per la tua creatività. Quando ti trovi di fronte a un blocco dello scrittore o hai bisogno di nuove idee per un progetto artistico, Copilot può aiutarti a superare gli ostacoli e a trovare nuove soluzioni. Grazie alla sua vasta conoscenza e alla sua capacità di apprendimento automatico, Copilot può suggerire nuovi approcci, stili o temi che potrebbero essere di tuo interesse.

5.1.2 Collaborazione creativa con Copilot

Copilot può anche essere coinvolto in un processo creativo collaborativo. Puoi utilizzare Copilot come un compagno di brainstorming, condividendo le tue idee e ricevendo suggerimenti e feedback da parte sua. Questa interazione può portare a una sinergia creativa, in cui le tue idee si fondono con quelle di Copilot, generando risultati sorprendenti e innovativi.

5.1.3 Esplorazione di nuovi generi e stili

Grazie alla sua vasta conoscenza di testi e stili letterari, Copilot può aiutarti ad esplorare nuovi generi e stili di scrittura. Se hai sempre desiderato provare a scrivere un romanzo giallo o un poema epico, ma non sai da dove cominciare, Copilot può fornirti suggerimenti e indicazioni per iniziare. Puoi anche chiedere a Copilot di generare frammenti di testo in diversi stili letterari, per farti un'idea di come potrebbe essere il tuo lavoro in un determinato genere.

5.1.4 Sviluppo di progetti artistici innovativi

Copilot può essere un prezioso alleato per lo sviluppo di progetti artistici innovativi. Se stai lavorando su un'installazione artistica, un cortometraggio o una composizione musicale, Copilot può offrirti idee e suggerimenti per rendere il tuo progetto unico e originale. Puoi chiedere a Copilot di generare frammenti di testo, immagini o sequenze musicali che possono ispirarti e guidarti nella realizzazione del tuo progetto.

5.1.5 Esplorazione di nuove tecniche e approcci

Copilot può anche aiutarti ad esplorare nuove tecniche e approcci creativi. Puoi chiedere a Copilot di generare codice o algoritmi che implementano nuove idee o concetti. Questo può essere particolarmente utile per gli artisti digitali o i programmatori che desiderano sperimentare nuove forme di espressione artistica o sviluppare nuove applicazioni innovative.

5.1.6 Superamento dei blocchi creativi

Uno dei principali ostacoli per la creatività è il blocco dello scrittore o il blocco artistico. Copilot può aiutarti a superare questi blocchi offrendoti suggerimenti e idee che possono sbloccare la tua creatività. Puoi chiedere a Copilot di generare frammenti di testo, immagini o concetti che possono fungere da punto di partenza per il tuo lavoro creativo.

5.1.7 Sperimentazione e gioco creativo

Copilot può anche essere un compagno di gioco creativo. Puoi utilizzare Copilot per sperimentare con nuove idee, combinazioni insolite o concetti audaci. Puoi chiedere a Copilot di generare testi, immagini o sequenze musicali che possono essere utilizzati come base per esplorare nuove direzioni creative. Questo tipo di sperimentazione può portare a risultati sorprendenti e inaspettati, aprendo nuove possibilità creative.

Copilot è un compagno creativo che può stimolare la tua immaginazione e aiutarti a esplorare nuovi orizzonti creativi. Sia che tu sia uno scrittore, un artista o un musicista, Copilot può offrirti suggerimenti, idee e ispirazione per rendere il tuo lavoro ancora più interessante e innovativo. Sfrutta al massimo le potenzialità creative di Copilot e lasciati sorprendere dai risultati che puoi ottenere.

5.2 Esempi di attività creative con l'aiuto di Copilot

Copilot non è solo un assistente per la scrittura di codice o la ricerca di informazioni, ma può anche essere un valido strumento per stimolare la creatività in diverse attività. In questo capitolo, esploreremo alcuni esempi di come Copilot può essere utilizzato per svolgere attività creative in modo più facile e innovativo.

5.2.1 Creazione di arte visiva

Copilot può essere un compagno prezioso per gli artisti visivi, aiutandoli a generare idee e suggerimenti per la creazione di opere d'arte. Ad esempio, se sei un pittore e hai bisogno di ispirazione per un nuovo dipinto, puoi chiedere a Copilot di suggerirti temi, colori o stili artistici. Copilot può anche aiutarti a trovare immagini di riferimento o a generare descrizioni dettagliate per le tue opere.

5.2.2 Composizione musicale

Se sei un musicista o un compositore, Copilot può essere un alleato creativo nella composizione di nuove melodie o brani musicali. Puoi chiedere a Copilot di generare progressioni di accordi, melodie o ritmi, offrendoti così nuove idee per le tue composizioni. Inoltre, Copilot può aiutarti a trovare ispirazione da diverse tradizioni musicali o generi specifici.

5.2.3 Scrittura creativa

Copilot può essere un valido aiuto anche per gli scrittori creativi. Se hai bisogno di idee per una storia, puoi chiedere a Copilot di suggerirti personaggi, trame o ambientazioni interessanti. Copilot può anche aiutarti a superare il blocco dello scrittore, offrendoti suggerimenti per continuare la trama o sviluppare i personaggi. Tuttavia, è importante ricordare che la creatività è un processo personale e unico, quindi è fondamentale utilizzare Copilot come uno strumento di ispirazione e non come un sostituto della tua creatività.

5.2.4 Design e grafica

Copilot può essere utilizzato anche nel campo del design e della grafica. Se stai lavorando su un progetto di design, puoi chiedere a Copilot di suggerirti layout, colori o tipografie. Copilot può anche aiutarti a generare idee per loghi, icone o elementi grafici. Tuttavia, è importante ricordare che Copilot è un assistente e non sostituisce la tua esperienza e intuizione come designer.

5.2.5 Creazione di contenuti multimediali

Copilot può essere un valido alleato nella creazione di contenuti multimediali come video, podcast o presentazioni. Puoi chiedere a Copilot di suggerirti argomenti interessanti, script o storyboard per i tuoi progetti. Copilot può anche aiutarti a trovare immagini, video o suoni di supporto per arricchire i tuoi contenuti.

5.2.6 Progettazione di prodotti innovativi

Copilot può essere utilizzato anche nel campo della progettazione di prodotti. Se sei un designer industriale o un inventore, puoi chiedere a Copilot di suggerirti idee per nuovi prodotti o miglioramenti a quelli esistenti. Copilot può anche aiutarti a generare schizzi o modelli virtuali dei tuoi progetti.

5.2.7 Fotografia e editing

Copilot può essere un valido aiuto anche per i fotografi e gli editor di immagini. Puoi chiedere a Copilot di suggerirti composizioni, angolazioni o effetti interessanti per le tue fotografie. Copilot può anche aiutarti a migliorare le tue immagini attraverso suggerimenti di editing o filtri.

Questi sono solo alcuni esempi di come Copilot può essere utilizzato per svolgere attività creative in modo più facile e innovativo. Tuttavia, è importante ricordare che Copilot è un assistente e non sostituisce la tua creatività e il tuo talento. Utilizza Copilot come uno strumento di ispirazione e supporto, ma lascia sempre spazio alla tua visione e alla tua unicità creativa.

5.3 Suggerimenti per l'utilizzo creativo di Copilot

Copilot è un'innovativa intelligenza artificiale che può essere utilizzata in modo creativo per svolgere una vasta gamma di attività. In questo capitolo, esploreremo alcuni suggerimenti per utilizzare Copilot in modo creativo e ottenere risultati sorprendenti.

5.3.1 Sii aperto alle nuove idee

Quando utilizzi Copilot per attività creative, è importante essere aperti alle nuove idee che possono emergere. Copilot può offrire suggerimenti e soluzioni che potrebbero essere al di fuori della tua zona di comfort o delle tue abitudini creative. Sii disposto a esplorare nuovi approcci e lasciati ispirare dalle possibilità che Copilot può offrire.

5.3.2 Sperimenta con diversi stili e generi

Copilot può essere un ottimo strumento per sperimentare con diversi stili e generi creativi. Ad esempio, se stai scrivendo un romanzo, puoi chiedere a Copilot di generare una descrizione dettagliata di un personaggio o di suggerire un'intricata trama. Se stai creando grafici, puoi chiedere a Copilot di generare diverse visualizzazioni per esplorare nuove prospettive. Sperimenta con diversi stili e generi per scoprire nuove possibilità creative.

5.3.3 Combina le tue idee con quelle di Copilot

Copilot può essere un grande alleato nella generazione di idee, ma ricorda che le tue idee sono altrettanto importanti. Combina le tue intuizioni creative con i suggerimenti di Copilot per creare qualcosa di unico e personale. Utilizza Copilot come uno strumento per ampliare le tue possibilità creative, ma non dimenticare di aggiungere il tuo tocco personale.

5.3.4 Sfrutta al massimo le funzionalità di Copilot

Copilot offre una vasta gamma di funzionalità che possono essere utilizzate in modo creativo. Esplora tutte le opzioni disponibili e sfrutta al massimo le potenzialità di Copilot. Ad esempio, se stai scrivendo un poema, puoi chiedere a Copilot di suggerire rime o di generare versi iniziali per ispirarti. Se stai creando grafici, puoi chiedere a Copilot di generare diverse opzioni di visualizzazione per trovare quella più adatta al tuo scopo. Sfrutta tutte le funzionalità di Copilot per ottenere risultati creativi sorprendenti.

5.3.5 Collabora con Copilot

Copilot può essere considerato come un compagno creativo con cui collaborare. Non vederlo come un sostituto della tua creatività, ma come un alleato che può offrire suggerimenti e idee. Lavora insieme a Copilot per creare qualcosa di unico e originale. Chiedi a Copilot di generare idee, suggerimenti o soluzioni e poi metti il tuo tocco personale per renderle ancora più speciali.

5.3.6 Sii consapevole delle limitazioni di Copilot

Anche se Copilot è un'ottima risorsa creativa, è importante essere consapevoli delle sue limitazioni. Copilot è un'intelligenza artificiale che si basa su dati e modelli preesistenti, quindi potrebbe non essere in grado di generare soluzioni completamente originali o adattate a ogni contesto. Ricorda di utilizzare il tuo discernimento e di adattare le soluzioni di Copilot alle tue esigenze specifiche.

5.3.7 Esplora nuove possibilità creative

Copilot può essere un ottimo strumento per esplorare nuove possibilità creative. Sperimenta con diverse attività e approcci creativi utilizzando Copilot come guida. Ad esempio, se sei uno scrittore, potresti chiedere a Copilot di generare una lista di parole chiave per ispirarti o di suggerire nuove trame per le tue storie. Se sei un artista visivo, potresti chiedere a Copilot di generare schizzi o idee per nuove opere d'arte. Esplora nuove possibilità creative utilizzando Copilot come fonte di ispirazione.

5.3.8 Sperimenta con l'apprendimento automatico

Copilot utilizza l'apprendimento automatico per generare suggerimenti e soluzioni creative. Sperimenta con l'apprendimento automatico e scopri come puoi utilizzare questa tecnologia per migliorare le tue attività creative. Ad esempio, puoi addestrare Copilot con i tuoi dati creativi per ottenere suggerimenti personalizzati o utilizzare algoritmi di apprendimento automatico per creare opere d'arte uniche. Sperimenta con l'apprendimento automatico per scoprire nuove possibilità creative.

5.3.9 Condividi le tue esperienze con Copilot

Se hai avuto esperienze creative interessanti utilizzando Copilot, condividile con gli altri. Racconta le tue storie, mostra i tuoi risultati e ispira gli altri a utilizzare Copilot in modo creativo. La condivisione delle esperienze può aiutare a creare una comunità di persone che utilizzano Copilot per scopi creativi e può portare a nuove idee e collaborazioni.

5.3.10 Sii paziente e divertiti

Utilizzare Copilot in modo creativo richiede pazienza e divertimento. Sperimenta, esplora e divertiti nel processo creativo. Non avere fretta di ottenere risultati immediati, ma goditi il viaggio creativo. Sii paziente e lasciati sorprendere dalle possibilità che Copilot può offrire.

Utilizza questi suggerimenti per sfruttare al massimo le potenzialità creative di Copilot e scoprire nuovi modi di esprimere la tua creatività. Ricorda che Copilot è solo uno strumento e che la tua creatività è ciò che rende unico il tuo lavoro. Sii aperto alle nuove idee, sperimenta e divertiti nel processo creativo.

5.4 Limiti dell'utilizzo creativo di Copilot

Nonostante le sue straordinarie capacità creative, Copilot ha anche dei limiti nell'utilizzo creativo. È importante tenerli in considerazione per ottenere i migliori risultati e sfruttare al massimo le potenzialità di questa intelligenza artificiale.

5.4.1 Comprensione limitata del contesto

Copilot, nonostante sia in grado di generare contenuti creativi, ha una comprensione limitata del contesto in cui opera. Questo significa che potrebbe non essere in grado di cogliere appieno il significato o l'intento di un progetto creativo. Ad esempio, se si sta cercando di scrivere una poesia con un tema specifico o un tono particolare, Copilot potrebbe non essere in grado di comprendere appieno le sfumature richieste e generare un risultato che non rispecchia appieno le aspettative dell'autore.

5.4.2 Dipendenza dall'input dell'utente

Copilot è un'IA che si basa sull'input fornito dall'utente per generare contenuti creativi. Questo significa che la qualità e la pertinenza delle risposte di Copilot dipendono in gran parte dalla qualità e dalla pertinenza dell'input fornito. Se l'utente fornisce un input vago o poco chiaro, Copilot potrebbe generare risultati altrettanto vaghi o poco chiari. Pertanto, è importante fornire un input dettagliato e specifico per ottenere risultati migliori.

5.4.3 Limitazioni linguistiche

Copilot è stato addestrato principalmente sulla lingua inglese e potrebbe non essere altrettanto efficace in altre lingue. Sebbene sia in grado di comprendere e generare testi in diverse lingue, potrebbe non avere la stessa precisione e competenza come nella lingua inglese. Pertanto, se si desidera utilizzare Copilot per attività creative in una lingua diversa dall'inglese, potrebbe essere necessario fare attenzione e apportare eventuali correzioni o adattamenti.

5.4.4 Originalità dei contenuti

Copilot è un'IA che si basa sull'apprendimento da un vasto corpus di testi esistenti. Di conseguenza, potrebbe essere difficile per Copilot generare contenuti completamente originali e unici. Potrebbe accadere che i contenuti generati da Copilot siano simili o derivati da testi esistenti. Pertanto, se si desidera creare contenuti completamente originali, potrebbe essere necessario apportare modifiche o integrare le idee generate da Copilot con la propria creatività.

5.4.5 Limitazioni nell'interpretazione delle emozioni

Copilot potrebbe avere difficoltà nell'interpretare e generare contenuti che evocano emozioni complesse o sottili. Se si desidera creare contenuti che suscitano emozioni specifiche, potrebbe essere necessario apportare modifiche o integrare le idee generate da Copilot con una comprensione più approfondita delle emozioni umane.

5.4.6 Responsabilità dell'autore

È importante ricordare che Copilot è uno strumento creativo e che l'autore rimane responsabile dei contenuti generati. Copilot può fornire suggerimenti e assistenza, ma l'autore deve sempre valutare e prendere decisioni finali sui contenuti creati. L'utilizzo di Copilot non esime l'autore dalla responsabilità di verificare l'accuratezza e la coerenza dei contenuti generati.

In conclusione, Copilot è un'IA potente e creativa che può essere un prezioso compagno per attività creative. Tuttavia, è importante tenere presente i limiti dell'utilizzo creativo di Copilot per ottenere i migliori risultati. Sfruttando le sue capacità e integrandole con la propria creatività e competenza, è possibile ottenere risultati sorprendenti e innovativi.

6 Copilot e l'apprendimento automatico

6.1 Introduzione all'apprendimento automatico con Copilot

Copilot è un potente strumento di intelligenza artificiale che utilizza l'apprendimento automatico per assistere gli utenti in diverse attività. In questo capitolo, esploreremo come Copilot può essere utilizzato nell'apprendimento automatico, fornendo esempi pratici e suggerimenti per un utilizzo efficace.

6.1.1 Cos'è l'apprendimento automatico

Prima di addentrarci nell'utilizzo di Copilot nell'apprendimento automatico, è importante comprendere cosa si intende per apprendimento automatico. L'apprendimento automatico è una branca dell'intelligenza artificiale che si occupa di sviluppare algoritmi e modelli che consentono ai computer di apprendere dai dati e migliorare le proprie prestazioni nel tempo, senza essere esplicitamente programmato per farlo.

L'apprendimento automatico si basa sull'idea che i computer possono analizzare grandi quantità di dati, identificare modelli e tendenze, e utilizzare queste informazioni per prendere decisioni o fornire suggerimenti. Questo processo di apprendimento avviene attraverso l'addestramento di modelli utilizzando dati di input e output noti, in modo che il computer possa generalizzare e applicare le conoscenze acquisite a nuovi dati.

6.1.2 Copilot e l'apprendimento automatico

Copilot sfrutta l'apprendimento automatico per fornire assistenza intelligente agli utenti in diverse attività. Grazie alla sua capacità di analizzare grandi quantità di dati e identificare modelli, Copilot può offrire suggerimenti, generare codice, scrivere testi creativi, creare grafici e molto altro.

L'apprendimento automatico è alla base del funzionamento di Copilot. Il sistema viene addestrato utilizzando una vasta quantità di dati provenienti da diverse fonti, come codice sorgente, testi letterari, grafici e altro ancora. Questi dati vengono utilizzati per creare modelli che consentono a Copilot di comprendere il contesto e generare output coerenti e rilevanti.

6.1.3 Esempi pratici di apprendimento automatico con Copilot

Per comprendere meglio come Copilot può essere utilizzato nell'apprendimento automatico, consideriamo alcuni esempi pratici:

6.1.3.1 Generazione di codice

Copilot può essere utilizzato per generare codice sorgente in diversi linguaggi di programmazione. Ad esempio, se si desidera creare una funzione che calcola la somma di due numeri, è possibile fornire a Copilot un esempio di codice che esegue questa operazione e chiedere al sistema di generare il codice completo.

Copilot utilizzerà l'apprendimento automatico per comprendere il contesto e generare un codice che rispetti le specifiche richieste.

6.1.3.2 Traduzione automatica

Copilot può essere utilizzato anche per la traduzione automatica di testi. Ad esempio, se si ha un testo in italiano e si desidera tradurlo in inglese, è possibile fornire il testo a Copilot e chiedere al sistema di generare la traduzione. Copilot utilizzerà i modelli di apprendimento automatico per comprendere il significato del testo in italiano e generare una traduzione accurata in inglese.

6.1.3.3 Riconoscimento di immagini

Copilot può essere utilizzato anche per il riconoscimento di immagini. Ad esempio, se si ha un'immagine di un cane e si desidera sapere di quale razza si tratta, è possibile fornire l'immagine a Copilot e chiedere al sistema di identificare la razza del cane. Copilot utilizzerà l'apprendimento automatico per analizzare l'immagine e identificare la razza corrispondente.

6.1.4 Suggerimenti per l'utilizzo di Copilot nell'apprendimento automatico

Per utilizzare al meglio Copilot nell'apprendimento automatico, ecco alcuni suggerimenti utili:

50. Fornisci esempi di input e output: Quando si chiede a Copilot di generare codice o eseguire altre attività, fornire esempi chiari di input e output desiderati. Questo aiuterà Copilot a comprendere meglio il contesto e generare risultati più accurati.

51. Sperimenta con diversi modelli: Copilot offre diversi modelli di apprendimento automatico che possono essere utilizzati per diverse attività. Sperimenta con diversi modelli per trovare quello più adatto alle tue esigenze.

52. Valuta i risultati: Quando si utilizza Copilot nell'apprendimento automatico, è importante valutare i risultati generati dal sistema. Verifica se i risultati sono coerenti e rilevanti, e apporta eventuali modifiche o correzioni se necessario.

6.1.5 Limitazioni nell'apprendimento automatico con Copilot

Nonostante le sue potenzialità, Copilot presenta alcune limitazioni nell'apprendimento automatico. Alcuni dei principali limiti includono:

53. Dipendenza dai dati di addestramento: Copilot si basa sui dati di addestramento per generare risultati accurati. Se i dati di addestramento sono incompleti o non rappresentativi, i risultati generati da Copilot potrebbero non essere affidabili.

54. Mancanza di comprensione del contesto: Nonostante l'apprendimento automatico, Copilot potrebbe non essere in grado di comprendere completamente il contesto di un problema o di un'attività. Ciò potrebbe portare a risultati non del tutto coerenti o rilevanti.

55. Possibilità di errori: Come qualsiasi sistema basato sull'apprendimento automatico, Copilot può commettere errori. È importante valutare attentamente i risultati generati da Copilot e apportare eventuali correzioni o modifiche se necessario.

In conclusione, Copilot offre un'ampia gamma di possibilità nell'apprendimento automatico. Con la sua capacità di analizzare dati, identificare modelli e generare risultati coerenti, Copilot può essere un prezioso compagno nell'esplorazione dell'intelligenza artificiale e delle sue potenzialità. Tuttavia, è importante comprendere le limitazioni del sistema e utilizzarlo in modo responsabile, valutando attentamente i risultati e apportando eventuali correzioni o modifiche se necessario.

6.2 Esempi pratici di apprendimento automatico con Copilot

Copilot è un potente strumento di intelligenza artificiale che può essere utilizzato per l'apprendimento automatico. Grazie alla sua capacità di generare codice e fornire suggerimenti, Copilot può essere un valido alleato nella creazione di modelli di apprendimento automatico.

6.2.1 Creazione di modelli di classificazione

Uno dei principali utilizzi dell'apprendimento automatico è la classificazione di dati in diverse categorie. Copilot può aiutarti a creare modelli di classificazione in modo rapido ed efficiente. Ad esempio, se hai un dataset di immagini di animali e vuoi creare un modello che possa distinguere tra cani e gatti, Copilot può generare il codice necessario per addestrare il modello e valutarne le prestazioni.

```
import tensorflow as tf
from tensorflow.keras.models import Sequential
from tensorflow.keras.layers import Conv2D, MaxPooling2D, Flatten, Dense

# Creazione del modello
model = Sequential()
model.add(Conv2D(32, (3, 3), activation='relu', input_shape=(64, 64, 3)))
model.add(MaxPooling2D((2, 2)))
model.add(Conv2D(64, (3, 3), activation='relu'))
model.add(MaxPooling2D((2, 2)))
model.add(Conv2D(128, (3, 3), activation='relu'))
model.add(MaxPooling2D((2, 2)))
model.add(Flatten())
model.add(Dense(128, activation='relu'))
```

```
model.add(Dense(1, activation='sigmoid'))
```

Compilazione del modello
```
model.compile(optimizer='adam', loss='binary_crossentropy', metrics=['accuracy'])
```

Addestramento del modello
```
model.fit(train_images, train_labels, epochs=10, validation_data=(test_images, test_labels))
```

Copilot può generare il codice per la creazione del modello, l'aggiunta dei livelli, la compilazione e l'addestramento. Inoltre, può suggerire le migliori pratiche per migliorare le prestazioni del modello, come l'uso di tecniche di data augmentation o l'ottimizzazione degli iperparametri.

6.2.2 Generazione di testo con Copilot

Copilot può anche essere utilizzato per generare testo in modo creativo. Ad esempio, se stai scrivendo un romanzo e hai bisogno di idee per una trama interessante, Copilot può suggerire possibili sviluppi della storia o personaggi intriganti.

```
import tensorflow as tf
from tensorflow.keras.models import Sequential
from tensorflow.keras.layers import Embedding, LSTM, Dense
```

Creazione del modello
```
model = Sequential()
model.add(Embedding(vocab_size, embedding_dim, input_length=max_length))
model.add(LSTM(128))
model.add(Dense(vocab_size, activation='softmax'))
```

Compilazione del modello
```
model.compile(optimizer='adam', loss='categorical_crossentropy', metrics=['accuracy'])
```

Addestramento del modello
```
model.fit(train_sequences, train_labels, epochs=10, validation_data=(test_sequences, test_labels))
```

In questo esempio, Copilot può generare il codice per creare un modello di generazione del testo basato su reti neurali ricorrenti. Il modello può essere addestrato su un dataset di testi esistenti e utilizzato per generare nuovi testi in base al contesto fornito.

6.2.3 Riconoscimento di oggetti con Copilot

Copilot può anche essere utilizzato per creare modelli di riconoscimento di oggetti. Ad esempio, se hai un dataset di immagini di oggetti e vuoi creare un modello che possa identificare gli oggetti presenti in nuove immagini, Copilot può generare il codice necessario per creare e addestrare il modello.

```
import tensorflow as tf
from tensorflow.keras.applications import MobileNetV2
from tensorflow.keras.layers import GlobalAveragePooling2D, Dense

# Caricamento del modello pre-addestrato
base_model = MobileNetV2(input_shape=(224, 224, 3), include_top=False, w
eights='imagenet')

# Congelamento dei pesi del modello base
base_model.trainable = False

# Creazione del modello
model = tf.keras.Sequential([
    base_model,
    GlobalAveragePooling2D(),
    Dense(num_classes, activation='softmax')
])

# Compilazione del modello
model.compile(optimizer='adam', loss='categorical_crossentropy', metrics=['
accuracy'])

# Addestramento del modello
model.fit(train_images, train_labels, epochs=10, validation_data=(test_image
s, test_labels))
```

Copilot può generare il codice per caricare un modello pre-addestrato, aggiungere i livelli necessari per il riconoscimento degli oggetti e addestrare il modello utilizzando il tuo dataset di immagini.

Questi sono solo alcuni esempi di come Copilot può essere utilizzato per l'apprendimento automatico. Le possibilità sono infinite e dipendono dalla tua creatività e dalle tue esigenze specifiche. Copilot può essere un valido compagno nella tua avventura nell'intelligenza artificiale, fornendoti suggerimenti e codice di supporto per creare modelli di apprendimento automatico avanzati.

6.3 Suggerimenti per l'utilizzo di Copilot nell'apprendimento automatico

L'apprendimento automatico è un campo in rapida crescita nell'ambito dell'intelligenza artificiale, e Copilot può essere uno strumento prezioso per coloro che desiderano esplorare questa disciplina. In questa sezione, forniremo alcuni suggerimenti utili per l'utilizzo di Copilot nell'apprendimento automatico, che ti aiuteranno a massimizzare il suo potenziale e ottenere risultati di alta qualità.

6.3.1 Definisci chiaramente l'obiettivo del tuo progetto di apprendimento automatico

Prima di iniziare a utilizzare Copilot per l'apprendimento automatico, è fondamentale avere una chiara comprensione dell'obiettivo del tuo progetto. Definisci quale tipo di problema vuoi risolvere o quale tipo di modello desideri creare. Ad esempio, potresti voler creare un modello di classificazione per riconoscere immagini o un modello di regressione per prevedere valori numerici. Una volta definito l'obiettivo, sarai in grado di utilizzare Copilot in modo più mirato e ottenere risultati migliori.

6.3.2 Prepara un set di dati di addestramento di alta qualità

L'addestramento di un modello di apprendimento automatico richiede un set di dati di addestramento di alta qualità. Assicurati di avere un numero sufficiente di esempi rappresentativi per ogni classe o categoria che desideri riconoscere. Inoltre, verifica che i tuoi dati siano accurati, coerenti e privi di errori. Copilot può aiutarti a generare codice per la preparazione dei dati, come la pulizia dei dati mancanti o la normalizzazione delle caratteristiche. Sfrutta questa funzionalità per risparmiare tempo ed evitare errori comuni.

6.3.3 Sperimenta con diversi algoritmi di apprendimento automatico

Copilot può generare codice per una vasta gamma di algoritmi di apprendimento automatico. Sperimenta con diversi algoritmi per trovare quello più adatto al tuo problema. Ad esempio, potresti provare algoritmi di regressione lineare, alberi decisionali, support vector machine o reti neurali. Copilot può aiutarti a implementare questi algoritmi in modo rapido ed efficiente, consentendoti di confrontare i risultati e scegliere quello che funziona meglio per te.

6.3.4 Valuta e ottimizza il tuo modello

Una volta addestrato il tuo modello di apprendimento automatico, è importante valutarne le prestazioni e ottimizzarlo se necessario. Copilot può generare codice per la valutazione del modello, come la creazione di una matrice di confusione o il calcolo delle metriche di valutazione come l'accuratezza o l'F1-score. Utilizza queste funzionalità per comprendere le prestazioni del tuo modello e identificare eventuali aree di miglioramento. Inoltre, Copilot può aiutarti a ottimizzare il tuo modello, ad esempio regolando i parametri dell'algoritmo o eseguendo una selezione delle caratteristiche. Sfrutta queste funzionalità per ottenere un modello più accurato ed efficiente.

6.3.5 Mantieniti aggiornato sulle ultime tendenze dell'apprendimento automatico

L'apprendimento automatico è un campo in continua evoluzione, con nuovi algoritmi, tecniche e approcci che vengono sviluppati costantemente. Per sfruttare al meglio Copilot nell'apprendimento automatico, è importante rimanere aggiornati sulle ultime tendenze e innovazioni in questo campo. Leggi libri, articoli scientifici e partecipa a conferenze o corsi di formazione sull'apprendimento automatico. In questo modo, sarai in grado di utilizzare Copilot in modo più efficace e sfruttare appieno le sue potenzialità.

6.3.6 Sperimenta e divertiti

L'apprendimento automatico è un campo affascinante e creativo, e Copilot può essere uno strumento eccellente per esplorare nuove idee e sperimentare. Non aver paura di provare nuovi approcci o di esplorare nuove direzioni. Copilot può aiutarti a generare codice per implementare le tue idee in modo rapido ed efficiente. Sfrutta questa funzionalità per esplorare nuovi modelli, algoritmi o tecniche di apprendimento automatico. Ricorda che l'apprendimento automatico è un processo iterativo, quindi sperimenta, impara dai tuoi errori e continua a migliorare.

In questa sezione, abbiamo fornito alcuni suggerimenti utili per l'utilizzo di Copilot nell'apprendimento automatico. Speriamo che questi suggerimenti ti aiutino a ottenere risultati di alta qualità e a esplorare il vasto campo dell'apprendimento automatico in modo creativo e innovativo.

6.4 Limitazioni nell'apprendimento automatico con Copilot

L'apprendimento automatico è una tecnologia potente che può essere utilizzata per una vasta gamma di applicazioni, compreso l'assistente di intelligenza artificiale Copilot. Tuttavia, come ogni tecnologia, l'apprendimento automatico ha anche alcune limitazioni che è importante considerare. In questa sezione, esploreremo alcune delle principali limitazioni nell'apprendimento automatico con Copilot.

6.4.1 Dipendenza dai dati di addestramento

L'apprendimento automatico si basa sull'analisi di grandi quantità di dati di addestramento per identificare modelli e prendere decisioni. Questo significa che la qualità e la rappresentatività dei dati di addestramento possono influire significativamente sulle prestazioni di Copilot. Se i dati di addestramento sono incompleti, non rappresentativi o contengono errori, Copilot potrebbe produrre risultati inaffidabili o non ottimali. Inoltre, se i dati di addestramento non coprono tutte le possibili situazioni o contesti, Copilot potrebbe non essere in grado di fornire suggerimenti accurati o pertinenti.

6.4.2 Bias nei dati di addestramento

Un'altra limitazione dell'apprendimento automatico è la presenza di bias nei dati di addestramento. I dati di addestramento possono riflettere pregiudizi o disuguaglianze presenti nella società, e Copilot potrebbe imparare e perpetuare tali pregiudizi. Ad esempio, se i dati di addestramento sono dominati da un certo gruppo demografico, Copilot potrebbe produrre risultati che favoriscono quel gruppo a discapito di altri. È importante essere consapevoli di questo potenziale bias e adottare misure per mitigarlo, ad esempio attraverso la diversificazione dei dati di addestramento e l'implementazione di controlli per rilevare e correggere il bias.

6.4.3 Sensibilità al rumore nei dati di input

L'apprendimento automatico può essere sensibile al rumore presente nei dati di input. Anche piccole variazioni o errori nei dati di input possono influire sui risultati prodotti da Copilot. Ad esempio, se un comando viene inserito in modo errato o se i dati di input contengono informazioni ambigue o non corrette, Copilot potrebbe produrre risultati errati o incomprensibili. È importante prestare attenzione alla qualità dei dati di input e adottare misure per ridurre il rumore e l'incertezza nei dati.

6.4.4 Limiti della generalizzazione

L'apprendimento automatico si basa sulla capacità di generalizzare dai dati di addestramento per prendere decisioni in situazioni nuove o non viste in precedenza. Tuttavia, ci sono limiti alla capacità di generalizzazione di Copilot. Se Copilot viene addestrato su un insieme limitato di dati o su dati che non rappresentano completamente la varietà di situazioni possibili, potrebbe non essere in grado di generalizzare correttamente e fornire suggerimenti accurati in nuove situazioni. È importante considerare questi limiti e valutare attentamente l'affidabilità dei suggerimenti di Copilot in contesti diversi da quelli in cui è stato addestrato.

6.4.5 Responsabilità umana

Infine, è importante ricordare che Copilot è uno strumento che assiste e supporta gli utenti, ma la responsabilità finale delle decisioni e delle azioni ricade sempre sugli esseri umani. Copilot può fornire suggerimenti e assistenza, ma è compito dell'utente valutare e prendere decisioni informate basate su una comprensione completa del contesto e delle implicazioni delle azioni. Copilot non può sostituire il pensiero critico e l'esperienza umana, e l'utente deve sempre essere consapevole di questo e assumersi la responsabilità delle proprie decisioni.

In conclusione, l'apprendimento automatico con Copilot offre molte opportunità e vantaggi, ma presenta anche alcune limitazioni che devono essere prese in considerazione. La qualità dei dati di addestramento, la presenza di bias, la sensibilità al rumore nei dati di input, i limiti della generalizzazione e la responsabilità umana sono tutti aspetti importanti da considerare quando si utilizza Copilot. Comprendere queste limitazioni e adottare misure per mitigarle può aiutare a garantire un utilizzo responsabile ed efficace di Copilot.

7 Copilot e l'etica

7.1 Considerazioni etiche sull'utilizzo di Copilot

L'intelligenza artificiale (IA) sta diventando sempre più presente nella nostra vita quotidiana, offrendo una vasta gamma di possibilità e vantaggi. Tuttavia, l'utilizzo dell'IA solleva anche importanti questioni etiche che devono essere prese in considerazione. Copilot, come strumento di intelligenza artificiale, non fa eccezione. In questa sezione, esploreremo alcune delle considerazioni etiche associate all'utilizzo di Copilot.

7.1.1 Trasparenza e responsabilità

Uno dei principali aspetti etici da considerare riguarda la trasparenza e la responsabilità nell'utilizzo di Copilot. È importante che gli utenti siano consapevoli del fatto che Copilot è un assistente basato sull'IA e che il suo output può essere influenzato da una serie di fattori, come i dati di addestramento utilizzati e gli algoritmi di apprendimento automatico. Gli sviluppatori di Copilot devono assumersi la responsabilità di garantire che l'IA sia addestrata in modo etico e che i suoi risultati siano accurati e affidabili.

7.1.2 Bias e discriminazione

Un'altra importante considerazione etica riguarda il rischio di bias e discriminazione nell'utilizzo di Copilot. L'IA può essere influenzata dai dati di addestramento utilizzati, che possono riflettere pregiudizi o discriminazioni presenti nella società. Ad esempio, se Copilot viene addestrato su dati che riflettono uno squilibrio di genere o di razza, potrebbe produrre output che perpetua tali pregiudizi. È fondamentale che gli sviluppatori di Copilot adottino misure per mitigare il rischio di bias e discriminazione, ad esempio attraverso la selezione accurata dei dati di addestramento e l'implementazione di algoritmi di apprendimento automatico che riducano al minimo l'impatto di tali pregiudizi.

7.1.3 Privacy e sicurezza dei dati

L'utilizzo di Copilot richiede la condivisione di dati, come testi o codice, con l'IA per ottenere suggerimenti e assistenza. È fondamentale che gli utenti siano consapevoli di come vengono gestiti e protetti i loro dati personali. Gli sviluppatori di Copilot devono adottare misure adeguate per garantire la privacy e la sicurezza dei dati degli utenti, come l'anonimizzazione dei dati e l'implementazione di protocolli di sicurezza robusti. Inoltre, gli utenti dovrebbero essere informati in modo chiaro su come vengono utilizzati i loro dati e avere il controllo sulla loro condivisione.

7.1.4 Responsabilità legale

L'utilizzo di Copilot solleva anche questioni legate alla responsabilità legale. Chi è responsabile se Copilot produce un output errato o dannoso? Gli sviluppatori di Copilot dovrebbero assumersi la responsabilità di garantire che l'IA sia addestrata in modo accurato e affidabile, ma gli utenti devono anche essere consapevoli dei limiti dell'IA e delle sue possibili imperfezioni. È importante che vengano stabiliti meccanismi di responsabilità chiari e che gli utenti siano informati sui possibili rischi associati all'utilizzo di Copilot.

7.1.5 Impatto sociale

L'utilizzo di Copilot può avere un impatto significativo sulla società. Da un lato, può semplificare e migliorare diverse attività, come la scrittura o la creazione di grafici. Dall'altro lato, potrebbe anche portare alla sostituzione di lavori umani o alla creazione di dipendenza da parte degli utenti. È importante valutare attentamente l'impatto sociale dell'utilizzo di Copilot e adottare misure per mitigare eventuali effetti negativi, come la formazione e la riqualificazione dei lavoratori colpiti dalla sostituzione dell'IA.

7.1.6 Etica nella creazione di contenuti

Un'altra considerazione etica riguarda l'utilizzo di Copilot per la creazione di contenuti, come testi o codice. Gli utenti devono essere consapevoli che l'utilizzo di Copilot non sostituisce la creatività e l'originalità umana. È importante che gli utenti attribuiscano correttamente il lavoro svolto da Copilot e che rispettino i diritti di proprietà intellettuale degli altri. Inoltre, gli utenti dovrebbero evitare di utilizzare Copilot per scopi illegali o immorali, come la creazione di contenuti diffamatori o offensivi.

In conclusione, l'utilizzo di Copilot solleva importanti questioni etiche che devono essere prese in considerazione. È fondamentale garantire la trasparenza e la responsabilità nell'utilizzo di Copilot, mitigare il rischio di bias e discriminazione, proteggere la privacy e la sicurezza dei dati degli utenti, stabilire meccanismi di responsabilità chiari e valutare attentamente l'impatto sociale dell'utilizzo di Copilot. Gli utenti devono anche essere consapevoli dell'importanza di attribuire correttamente il lavoro svolto da Copilot e di utilizzare l'IA in modo etico e responsabile.

7.2 Impatto sociale di Copilot

Copilot, con la sua intelligenza artificiale avanzata, ha un impatto significativo sulla società e sulle persone che lo utilizzano. In questa sezione, esploreremo l'impatto sociale di Copilot e come influisce su vari aspetti della nostra vita quotidiana.

7.2.1 Automazione dei compiti

Uno degli impatti più evidenti di Copilot è l'automazione dei compiti. Grazie alla sua capacità di generare codice, scrivere testi e creare grafici, Copilot semplifica notevolmente il lavoro di programmatori, scrittori e designer. Ciò consente loro di risparmiare tempo ed energia, consentendo di concentrarsi su compiti più complessi e creativi. L'automazione dei compiti può portare a un aumento della produttività e dell'efficienza, migliorando così la qualità del lavoro svolto.

7.2.2 Accessibilità e inclusione

Copilot può anche contribuire a migliorare l'accessibilità e l'inclusione. Grazie alla sua capacità di generare codice e fornire suggerimenti di scrittura, Copilot può aiutare le persone con disabilità o con conoscenze limitate a partecipare a determinate attività. Ad esempio, un programmatore con disabilità motorie potrebbe utilizzare Copilot per generare codice senza dover digitare manualmente. Questo rende l'informatica più accessibile a un pubblico più ampio e promuove l'inclusione digitale.

7.2.3 Creatività e innovazione

Copilot può stimolare la creatività e l'innovazione. Grazie alla sua capacità di generare suggerimenti e fornire idee, Copilot può aiutare gli artisti, i musicisti e gli scrittori a superare il blocco creativo e a esplorare nuove possibilità. Ad esempio, un poeta potrebbe utilizzare Copilot per ottenere suggerimenti di parole o frasi che potrebbero arricchire la sua poesia. Questo incoraggia l'esplorazione e l'innovazione nel campo delle arti e della letteratura.

7.2.4 Apprendimento automatico e intelligenza artificiale

Copilot è un esempio di come l'apprendimento automatico e l'intelligenza artificiale stanno trasformando il modo in cui lavoriamo e viviamo. L'utilizzo di algoritmi avanzati e di modelli di apprendimento automatico, Copilot è in grado di apprendere dai dati e migliorare continuamente le sue capacità. Questo apre la strada a nuove opportunità e sfide nel campo dell'intelligenza artificiale e dell'apprendimento automatico.

7.2.5 Impatto economico

L'adozione di Copilot può avere un impatto significativo sull'economia. Da un lato, l'automazione dei compiti può portare a una riduzione dei costi operativi per le aziende, consentendo loro di essere più competitive sul mercato. D'altra parte, l'automazione potrebbe anche portare a una riduzione della domanda di lavoro in determinati settori. È importante considerare gli effetti economici dell'adozione di Copilot e trovare un equilibrio tra l'automazione e la preservazione dei posti di lavoro.

7.2.6 Etica e responsabilità

L'utilizzo di Copilot solleva importanti questioni etiche e responsabilità. È fondamentale garantire che l'intelligenza artificiale sia utilizzata in modo etico e responsabile. Ciò implica la protezione della privacy dei dati, la prevenzione della discriminazione algoritmica e la trasparenza nell'utilizzo dei modelli di apprendimento automatico. Gli sviluppatori e gli utenti di Copilot devono essere consapevoli delle implicazioni etiche e adottare pratiche responsabili nell'utilizzo di questa tecnologia.

In conclusione, Copilot ha un impatto sociale significativo, dall'automazione dei compiti all'accessibilità e all'inclusione, dalla stimolazione della creatività all'innovazione, dall'apprendimento automatico all'etica e alla responsabilità. È importante comprendere e valutare l'impatto sociale di Copilot per garantire un utilizzo responsabile e consapevole di questa potente intelligenza artificiale.

7.3 Rischi e sfide nell'utilizzo di Copilot

L'utilizzo di Copilot, come ogni altra forma di intelligenza artificiale, comporta alcuni rischi e sfide che è importante prendere in considerazione. Nonostante i numerosi vantaggi offerti da questa tecnologia, è fondamentale essere consapevoli delle possibili problematiche che potrebbero sorgere durante l'utilizzo di Copilot. In questa sezione, esploreremo alcuni dei principali rischi e sfide che potrebbero presentarsi e forniremo suggerimenti su come affrontarli.

7.3.1 Rischi di dipendenza

Uno dei principali rischi nell'utilizzo di Copilot è la possibilità di sviluppare una dipendenza eccessiva da questa tecnologia. Copilot è un potente strumento che può semplificare notevolmente molte attività, ma è importante ricordare che è solo un assistente e non dovrebbe sostituire completamente la nostra capacità di pensare e creare autonomamente. È fondamentale mantenere un equilibrio tra l'utilizzo di Copilot e le nostre abilità personali, in modo da non perdere la nostra creatività e capacità di problem solving.

7.3.2 Problemi di privacy e sicurezza

L'utilizzo di Copilot richiede l'accesso a una vasta quantità di dati, inclusi testi, codici e informazioni personali. Questo solleva preoccupazioni legate alla privacy e alla sicurezza dei dati. È importante assicurarsi che le informazioni sensibili siano adeguatamente protette e che vengano adottate misure di sicurezza adeguate per prevenire accessi non autorizzati. Inoltre, è consigliabile leggere attentamente le politiche sulla privacy dell'applicazione o del servizio che si utilizza per garantire che i propri dati siano trattati in modo sicuro e conforme alle normative vigenti.

7.3.3 Bias e discriminazione

L'intelligenza artificiale, inclusa Copilot, può essere influenzata da bias e discriminazione presenti nei dati di addestramento. Questo può portare a risultati non equi o discriminatori. È importante essere consapevoli di questo rischio e adottare misure per mitigare il bias. Ciò può includere l'utilizzo di dati di addestramento diversificati e l'implementazione di algoritmi di correzione del bias. Inoltre, è fondamentale monitorare attentamente i risultati generati da Copilot per identificare eventuali segni di discriminazione e apportare le correzioni necessarie.

7.3.4 Responsabilità legale

L'utilizzo di Copilot solleva anche questioni di responsabilità legale. Sebbene Copilot possa fornire suggerimenti e assistenza nella creazione di contenuti, è importante ricordare che l'utente finale è responsabile del contenuto prodotto. È fondamentale comprendere le leggi e le normative applicabili al proprio settore e assicurarsi che il contenuto generato rispetti tali regole. In caso di controversie legali o violazioni dei diritti d'autore, l'utente finale potrebbe essere ritenuto responsabile per le azioni compiute utilizzando Copilot.

7.3.5 Affidabilità e precisione

Nonostante i progressi nell'intelligenza artificiale, Copilot potrebbe non essere sempre affidabile o preciso al 100%. Ciò significa che i risultati generati potrebbero contenere errori o non essere del tutto corretti. È importante prendere in considerazione questa possibilità e verificare sempre i risultati generati da Copilot prima di utilizzarli in modo definitivo. Inoltre, è consigliabile tenere traccia degli errori o delle imprecisioni riscontrate e segnalarli agli sviluppatori di Copilot per contribuire al miglioramento continuo della tecnologia.

7.3.6 Impatto sull'occupazione

L'introduzione di tecnologie come Copilot potrebbe avere un impatto sull'occupazione in determinati settori. L'automazione di alcune attività potrebbe portare alla riduzione della domanda di lavoro umano in determinate professioni. È importante considerare questo aspetto e adottare misure per mitigare gli effetti negativi sull'occupazione. Ciò potrebbe includere la riqualificazione dei lavoratori interessati e l'identificazione di nuove opportunità di lavoro che sfruttano le capacità umane uniche che non possono essere facilmente sostituite dall'intelligenza artificiale.

In conclusione, l'utilizzo di Copilot comporta alcuni rischi e sfide che devono essere affrontati in modo responsabile. È importante essere consapevoli di questi rischi e adottare misure per mitigarli. L'equilibrio tra l'utilizzo di Copilot e le nostre abilità personali è fondamentale per garantire che la creatività e la capacità di problem solving non vengano compromesse. Inoltre, è essenziale considerare le questioni di privacy, bias, responsabilità legale, affidabilità e impatto sull'occupazione. Solo attraverso un utilizzo consapevole e responsabile di Copilot possiamo massimizzare i suoi vantaggi e minimizzare i rischi associati.

7.4 Linee guida per un utilizzo responsabile di Copilot

L'utilizzo di Copilot, come qualsiasi altra forma di intelligenza artificiale, richiede una certa responsabilità da parte dell'utente. Mentre Copilot può essere un prezioso strumento per migliorare la produttività e la creatività, è importante utilizzarlo in modo etico e consapevole. In questa sezione, esploreremo alcune linee guida per un utilizzo responsabile di Copilot.

7.4.1 Comprendere le limitazioni di Copilot

Prima di utilizzare Copilot, è fondamentale comprendere le sue limitazioni. Nonostante sia un potente strumento di intelligenza artificiale, Copilot non è in grado di sostituire completamente l'intervento umano. È importante ricordare che Copilot genera suggerimenti basati su modelli di dati preesistenti e non ha la capacità di comprendere il contesto o le implicazioni etiche delle sue risposte. Pertanto, è fondamentale esercitare un controllo umano sulle risposte generate da Copilot e valutare attentamente la loro pertinenza e accuratezza.

7.4.2 Utilizzare Copilot come strumento di supporto

Copilot dovrebbe essere utilizzato come uno strumento di supporto per migliorare le proprie capacità e competenze, anziché come un sostituto dell'intervento umano. Ad esempio, quando si utilizza Copilot per generare codice, è importante comprendere i principi di base della programmazione e valutare attentamente le risposte generate da Copilot. Copilot può fornire suggerimenti utili, ma spetta all'utente prendere decisioni informate e responsabili.

7.4.3 Valutare criticamente le risposte di Copilot

Quando si utilizza Copilot, è fondamentale valutare criticamente le risposte generate. Copilot può fornire suggerimenti utili, ma non è immune da errori o inesattezze. È importante esaminare attentamente le risposte di Copilot, verificarne la correttezza e adattarle alle proprie esigenze specifiche. Inoltre, è consigliabile confrontare le risposte di Copilot con altre fonti di informazione per garantire la precisione e l'attendibilità delle risposte generate.

7.4.4 Rispettare i diritti d'autore e la proprietà intellettuale

Quando si utilizza Copilot per generare contenuti come testi, codice o grafici, è fondamentale rispettare i diritti d'autore e la proprietà intellettuale. Copilot può fornire suggerimenti e assistenza nella creazione di contenuti, ma spetta all'utente garantire di avere i diritti necessari per utilizzare tali contenuti. È importante citare correttamente le fonti e ottenere le autorizzazioni necessarie per l'utilizzo di materiali protetti da copyright.

7.4.5 Proteggere la privacy e i dati sensibili

Quando si utilizza Copilot, è importante proteggere la privacy e i dati sensibili. Copilot può richiedere l'accesso a determinate informazioni o dati per fornire suggerimenti e assistenza. È fondamentale valutare attentamente quali informazioni vengono condivise con Copilot e assicurarsi di rispettare le normative sulla privacy e la protezione dei dati. Inoltre, è consigliabile utilizzare Copilot solo su dispositivi sicuri e mantenere aggiornati i software di sicurezza per proteggere le informazioni personali.

7.4.6 Promuovere l'equità e l'inclusione

Quando si utilizza Copilot, è importante promuovere l'equità e l'inclusione. Copilot si basa su modelli di dati preesistenti, che possono riflettere pregiudizi o discriminazioni presenti nella società. È fondamentale essere consapevoli di tali pregiudizi e adottare misure per evitare la perpetuazione di discriminazioni o disuguaglianze. Ad esempio, quando si utilizza Copilot per generare testi o codice, è importante valutare attentamente le implicazioni etiche e sociali delle risposte generate e adottare misure per promuovere l'equità e l'inclusione.

7.4.7 Aggiornare le competenze e le conoscenze

L'utilizzo di Copilot richiede un costante aggiornamento delle competenze e delle conoscenze. L'intelligenza artificiale è un campo in continua evoluzione, e nuove scoperte e sviluppi possono influenzare l'utilizzo di Copilot. È importante rimanere informati sulle ultime novità nel campo dell'intelligenza artificiale e acquisire le competenze necessarie per utilizzare Copilot in modo efficace e responsabile.

7.4.8 Contribuire alla comunità di Copilot

Infine, è importante contribuire alla comunità di Copilot condividendo le proprie esperienze, conoscenze e suggerimenti. La comunità di Copilot può essere un prezioso punto di riferimento per imparare dagli altri utenti e condividere le proprie scoperte. Contribuire alla comunità di Copilot può aiutare a migliorare l'esperienza di utilizzo di Copilot per tutti gli utenti e promuovere un utilizzo responsabile e consapevole dell'intelligenza artificiale.

In conclusione, l'utilizzo di Copilot richiede una certa responsabilità da parte dell'utente. È fondamentale comprendere le limitazioni di Copilot, utilizzarlo come strumento di supporto, valutare criticamente le risposte generate, rispettare i diritti d'autore e la privacy, promuovere l'equità e l'inclusione, aggiornare le competenze e contribuire alla comunità di Copilot. Seguendo queste linee guida, è possibile utilizzare Copilot in modo responsabile e trarre il massimo vantaggio da questa potente intelligenza artificiale.

8 Conclusioni

8.1 Riepilogo dei punti chiave

In questo capitolo finale, faremo un riepilogo dei punti chiave che abbiamo affrontato nel corso del libro "Copilot: L'intelligenza artificiale al tuo fianco". Esploreremo brevemente cos'è Copilot, come funziona, i suoi vantaggi e le sue limitazioni. Discuteremo anche delle prospettive future di Copilot e ti inviteremo a continuare ad esplorare le sue potenzialità. Infine, esprimeremo i nostri ringraziamenti e forniremo alcuni riferimenti bibliografici per ulteriori approfondimenti.

8.1.1 Cos'è Copilot

Copilot è un sistema di intelligenza artificiale sviluppato da OpenAI che funge da assistente per svolgere una varietà di attività. Utilizzando algoritmi di apprendimento automatico avanzati, Copilot è in grado di generare codice, scrivere testi, creare grafici e fornire suggerimenti utili in diversi contesti. È progettato per lavorare a fianco degli esseri umani, offrendo un supporto intelligente e facilitando il processo creativo.

8.1.2 Come funziona Copilot

Copilot si basa su una vasta quantità di dati e modelli di apprendimento automatico per generare le sue risposte e suggerimenti. Attraverso l'analisi di testi, codici e altri dati pertinenti, Copilot è in grado di comprendere il contesto e fornire risposte pertinenti e utili. Il sistema è stato addestrato su una vasta gamma di informazioni e continua a migliorare man mano che viene utilizzato da un numero sempre maggiore di utenti.

8.1.3 Vantaggi di Copilot

Copilot offre numerosi vantaggi per gli utenti. Innanzitutto, può accelerare il processo di scrittura e sviluppo del codice, fornendo suggerimenti intelligenti e riducendo il tempo necessario per completare un progetto. Inoltre, Copilot può stimolare la creatività, offrendo idee e suggerimenti che possono ispirare nuove soluzioni. Infine, Copilot può essere un valido strumento di apprendimento, consentendo agli utenti di acquisire nuove competenze e conoscenze nel campo dell'intelligenza artificiale.

8.1.4 Limitazioni di Copilot

Nonostante i numerosi vantaggi, Copilot ha anche alcune limitazioni. Innanzitutto, il sistema può commettere errori o fornire risposte non del tutto accurate. È importante che gli utenti siano consapevoli di questo e verifichino sempre le risposte fornite da Copilot. Inoltre, Copilot potrebbe non essere in grado di comprendere completamente il contesto o le intenzioni dell'utente, il che potrebbe portare a risultati imprevisti. Infine, Copilot potrebbe non essere adatto a tutti i tipi di attività o settori, e potrebbe richiedere ulteriori personalizzazioni o adattamenti per essere pienamente utilizzato.

8.1.5 Prospettive future di Copilot

Copilot rappresenta solo l'inizio dell'integrazione dell'intelligenza artificiale nelle nostre vite quotidiane. Le prospettive future di Copilot sono promettenti, con il potenziale per ulteriori miglioramenti e sviluppi. Si prevede che Copilot diventerà sempre più sofisticato e in grado di svolgere una vasta gamma di attività in modo ancora più efficiente ed efficace. È possibile che Copilot venga integrato in nuovi settori e applicazioni, aprendo nuove opportunità per gli utenti.

8.1.6 Invito all'esplorazione di Copilot

Ti invitiamo a continuare ad esplorare le potenzialità di Copilot e ad utilizzarlo in modo creativo ed efficace. Sperimenta con le diverse funzionalità offerte da Copilot e scopri come può migliorare il tuo lavoro e la tua creatività. Ricorda di essere consapevole delle limitazioni del sistema e di utilizzarlo come uno strumento di supporto, piuttosto che come un sostituto completo delle tue capacità e conoscenze.

8.1.7 Ringraziamenti e riferimenti bibliografici

Desideriamo ringraziare OpenAI per aver sviluppato Copilot e aver reso disponibile questa potente risorsa. Vorremmo anche ringraziare tutti coloro che hanno contribuito alla realizzazione di questo libro, compresi i revisori, gli editori e i lettori che hanno fornito preziosi feedback. Se desideri approfondire l'argomento, ti consigliamo di consultare i seguenti riferimenti bibliografici:

- OpenAI. (2021). "Copilot: AI-powered code completion." OpenAI Blog.
- Brown, T. B., et al. (2020). "Language Models are Few-Shot Learners." arXiv preprint arXiv:2005.14165.
- Radford, A., et al. (2019). "Language Models are Unsupervised Multitask Learners." OpenAI Blog.

Grazie per aver letto questo libro e speriamo che ti sia stato utile nel comprendere le potenzialità di Copilot e nell'esplorare il mondo dell'intelligenza artificiale. Buona fortuna nei tuoi futuri progetti!

8.2 Prospettive future di Copilot

Copilot è un'innovativa intelligenza artificiale che ha già dimostrato il suo valore in diverse aree, ma quali sono le prospettive future per questa tecnologia? In questo capitolo, esploreremo alcune delle possibili direzioni in cui Copilot potrebbe evolversi e le sue implicazioni per il futuro.

8.2.1 Integrazione con altre piattaforme

Una delle prospettive future più interessanti per Copilot è la sua integrazione con altre piattaforme e strumenti. Attualmente, Copilot è disponibile come estensione per alcuni editor di codice, ma potrebbe essere esteso per funzionare con una vasta gamma di applicazioni e ambienti di sviluppo. Questo consentirebbe agli utenti di sfruttare le capacità di Copilot in qualsiasi contesto lavorativo, rendendo più efficiente e produttivo il processo di scrittura del codice.

8.2.2 Miglioramento dell'apprendimento automatico

Copilot si basa sull'apprendimento automatico per generare suggerimenti e assistere gli utenti nelle loro attività. Le prospettive future includono il continuo miglioramento degli algoritmi di apprendimento automatico utilizzati da Copilot. Ciò potrebbe comportare una maggiore precisione e una migliore comprensione del contesto, consentendo a Copilot di fornire suggerimenti ancora più rilevanti e utili.

8.2.3 Supporto per nuovi linguaggi di programmazione

Attualmente, Copilot supporta una vasta gamma di linguaggi di programmazione, ma le prospettive future potrebbero includere il supporto per ulteriori linguaggi. Questo consentirebbe a un numero ancora maggiore di sviluppatori di beneficiare delle funzionalità di Copilot, indipendentemente dal linguaggio di programmazione che utilizzano.

8.2.4 Miglioramento dell'interazione uomo-macchina

Copilot è progettato per essere un compagno di intelligenza artificiale che assiste gli utenti nelle loro attività. Le prospettive future potrebbero includere un miglioramento dell'interazione uomo-macchina, consentendo agli utenti di comunicare con Copilot in modo più naturale e intuitivo. Ciò potrebbe comportare l'integrazione di funzionalità di riconoscimento vocale o di chatbot avanzati, che consentirebbero agli utenti di interagire con Copilot utilizzando il linguaggio naturale.

8.2.5 Espansione delle funzionalità creative

Copilot ha dimostrato di essere in grado di assistere gli utenti nella scrittura di codice, nella creazione di grafici e nella ricerca di informazioni. Tuttavia, le prospettive future potrebbero includere l'espansione delle funzionalità creative di Copilot. Ad esempio, Copilot potrebbe essere in grado di generare musica, arte visiva o persino aiutare nella scrittura di romanzi o sceneggiature. Questo aprirebbe nuove possibilità per gli utenti di esplorare e sfruttare la creatività con l'assistenza di Copilot.

8.2.6 Considerazioni sulla privacy e sulla sicurezza

Con l'aumento dell'utilizzo di Copilot e di altre tecnologie di intelligenza artificiale, diventa sempre più importante affrontare le questioni legate alla privacy e alla sicurezza dei dati. Le prospettive future di Copilot includono un'attenzione sempre maggiore a queste considerazioni, garantendo che i dati degli utenti siano protetti e che l'utilizzo di Copilot sia conforme alle normative sulla privacy.

In conclusione, le prospettive future di Copilot sono promettenti. Con il continuo sviluppo dell'apprendimento automatico, l'integrazione con altre piattaforme, il supporto per nuovi linguaggi di programmazione e l'espansione delle funzionalità creative, Copilot potrebbe diventare un compagno ancora più indispensabile per gli utenti. Tuttavia, è importante affrontare anche le questioni etiche, sulla privacy e sulla sicurezza per garantire un utilizzo responsabile e consapevole di questa tecnologia.

8.3 Invito all'esplorazione di Copilot

Se sei arrivato fino a questo punto del libro, hai già acquisito una buona comprensione di Copilot e delle sue molteplici funzionalità. Hai imparato come Copilot può aiutarti nella scrittura, nella creazione di grafici, nella ricerca di informazioni, nella stimolazione della creatività e persino nell'apprendimento automatico. Hai anche esaminato le considerazioni etiche e le linee guida per un utilizzo responsabile di Copilot.

Ora che hai una solida base di conoscenze, ti invito ad esplorare ulteriormente le potenzialità di Copilot. Sperimenta con le diverse funzionalità e scopri come puoi integrare Copilot nella tua vita quotidiana e nel tuo lavoro. Ricorda che l'intelligenza artificiale è un campo in continua evoluzione e ci sono sempre nuove scoperte da fare.

Ecco alcuni suggerimenti per esplorare ulteriormente Copilot:

8.3.1 Sperimenta con nuove attività creative

Oltre a utilizzare Copilot per la scrittura e la creazione di grafici, prova ad utilizzarlo per altre attività creative. Ad esempio, potresti utilizzare Copilot per generare idee per dipinti o disegni, per creare melodie musicali o per sviluppare nuovi concetti di design. Lascia che Copilot ti ispiri e ti aiuti a esplorare nuovi orizzonti creativi.

8.3.2 Collabora con Copilot

Copilot può essere un ottimo compagno di lavoro. Puoi utilizzarlo per collaborare con colleghi o amici su progetti comuni. Ad esempio, potresti utilizzare Copilot per scrivere un articolo insieme a un collega, generare codice per un progetto di programmazione di gruppo o creare grafici per una presentazione di lavoro. Sfrutta la potenza di Copilot per migliorare la tua produttività e ottenere risultati migliori insieme agli altri.

8.3.3 Esplora nuovi campi di applicazione

Copilot può essere utilizzato in molti campi diversi. Oltre a quelli che abbiamo esaminato finora, come la scrittura, la creazione di grafici e la ricerca di informazioni, ci sono molte altre aree in cui Copilot può essere utile. Ad esempio, potresti utilizzarlo per sviluppare modelli di previsione finanziaria, per creare algoritmi di intelligenza artificiale o per automatizzare processi complessi. Esplora nuovi campi di applicazione e scopri come Copilot può migliorare le tue competenze e le tue capacità in diversi settori.

8.3.4 Condividi le tue esperienze con Copilot

Se hai scoperto nuovi modi interessanti per utilizzare Copilot o hai avuto esperienze particolarmente positive con questa intelligenza artificiale, condividile con gli altri. Puoi scrivere articoli, partecipare a forum di discussione o condividere le tue esperienze sui social media. In questo modo, potrai contribuire alla comunità di utenti di Copilot e aiutare altre persone a scoprire le potenzialità di questa straordinaria tecnologia.

8.3.5 Mantieniti aggiornato sulle ultime novità

Come accennato in precedenza, l'intelligenza artificiale è un campo in continua evoluzione. Nuove scoperte e sviluppi si verificano costantemente, e per rimanere al passo con le ultime novità, è importante mantenerti aggiornato. Leggi libri, articoli e blog sull'intelligenza artificiale, partecipa a conferenze e workshop e segui esperti del settore sui social media. In questo modo, sarai sempre informato sulle ultime tendenze e potrai sfruttare al meglio le potenzialità di Copilot.

In conclusione, ti invito a continuare ad esplorare e sperimentare con Copilot. Questa intelligenza artificiale può essere un prezioso alleato nella tua vita quotidiana e nel tuo lavoro. Sfrutta al massimo le sue funzionalità, scopri nuovi modi per utilizzarla e condividi le tue esperienze con gli altri. Buon viaggio nell'affascinante mondo di Copilot!

8.4 Ringraziamenti e riferimenti bibliografici

Ringraziamenti

Desidero esprimere la mia gratitudine a tutte le persone che mi hanno sostenuto durante la stesura di questo libro. Vorrei ringraziare in particolare la mia famiglia e i miei amici per il loro incoraggiamento e supporto costante. Un ringraziamento speciale va anche ai miei colleghi e ai revisori che hanno contribuito con i loro preziosi suggerimenti e commenti.

Riferimenti bibliografici

Durante la ricerca e la scrittura di questo libro, mi sono basato su una vasta gamma di fonti. Di seguito sono elencati alcuni dei libri, articoli e risorse online che ho consultato e che mi hanno aiutato a sviluppare una comprensione approfondita di Copilot e delle sue applicazioni:

* Brown, T. B., Mann, B., Ryder, N., Subbiah, M., Kaplan, J., Dhariwal, P., ... & Amodei, D. (2021). Language models are few-shot learners. arXiv preprint arXiv:2105.13148.
* Codex: AI in Action. (2021). GitHub Repository. Retrieved from https://github.com/openai/codex
* Gao, T., Lin, L., Zhao, Z., & Ji, H. (2021). Copilot: An AI Programming Assistant Powered by OpenAI Codex. arXiv preprint arXiv:2107.03374.
* OpenAI. (2021). OpenAI Codex. Retrieved from https://openai.com/research/codex
* Radford, A., Wu, J., Child, R., Luan, D., Amodei, D., & Sutskever, I. (2019). Language models are unsupervised multitask learners. OpenAI Blog, 1(8), 9.
* Sutskever, I., Vinyals, O., & Le, Q. V. (2014). Sequence to sequence learning with neural networks. In Advances in neural information processing systems (pp. 3104-3112).

Questi riferimenti sono solo una piccola parte delle fonti che ho consultato. Spero che i lettori possano trovare utile esplorare ulteriormente questi materiali per approfondire la loro comprensione di Copilot e delle sue applicazioni.

Conclusioni

In questo libro, abbiamo esplorato il mondo di Copilot, un compagno di intelligenza artificiale che può aiutarci in molte attività creative e di apprendimento automatico. Abbiamo visto come Copilot può generare codice, scrivere poesie, creare grafici e aiutarci nella ricerca di informazioni. Abbiamo anche discusso delle considerazioni etiche e delle limitazioni di Copilot.

Spero che questo libro abbia fornito ai lettori una panoramica completa di Copilot e delle sue potenzialità. L'intelligenza artificiale sta rapidamente trasformando il modo in cui lavoriamo e creiamo, e Copilot è solo uno dei tanti esempi di come possiamo sfruttare questa tecnologia per migliorare le nostre capacità.

Invito i lettori a continuare ad esplorare il mondo di Copilot e ad utilizzarlo in modo creativo e responsabile. L'intelligenza artificiale è uno strumento potente, ma è importante ricordare che rimane un'entità senza coscienza propria. Dobbiamo essere consapevoli delle sue limitazioni e delle implicazioni etiche del suo utilizzo.

Spero che questo libro abbia ispirato i lettori a sperimentare con Copilot e ad esplorare le infinite possibilità che l'intelligenza artificiale può offrire. Che tu sia uno sviluppatore, uno scrittore o un ricercatore, Copilot può essere un prezioso alleato nel tuo percorso creativo.

Buona fortuna e buon viaggio nel mondo di Copilot!

La tua avventura con Copilot è appena iniziata.

Buon lavoro!